豫西乡土建筑特征和价值评价研究

朱少华 著

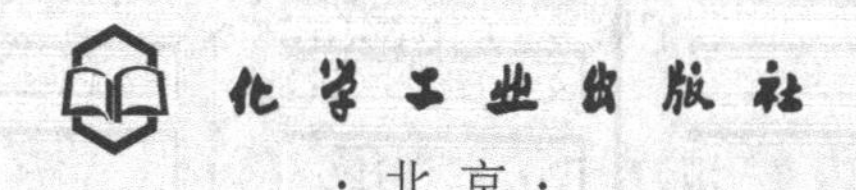

·北京·

内容简介

本书以河南西部的三类乡土建筑：地坑窑、独立式窑洞和砖石建筑为研究对象，分别对三类建筑的形式特征进行质性和量性相结合的研究。从价值使用和判断的角度，分别从使用者的评价、专家的价值评价和再利用的价值评价三个角度，进行了建筑价值研究，并针对三类乡土建筑中大量闲置和废弃的建筑，提出了功能置换和再利用的建议和对策。

本书可供普通高校建筑等相关专业师生学习参考，同时也可供国家民俗建筑研究及评价的科研院所、行政机构参考阅读。

本研究的支持基金项目——

吉林省教育厅科学研究项目：乡村振兴战略下吉林乡村记忆空间形态研究（JJKH20240165SK）

图书在版编目（CIP）数据

豫西乡土建筑特征和价值评价研究/朱少华著．—北京：化学工业出版社，2024.5

ISBN 978-7-122-45294-8

Ⅰ.①豫… Ⅱ.①朱… Ⅲ.①乡村-建筑艺术-研究-河南 Ⅳ.①TU-862

中国国家版本馆CIP数据核字（2024）第059463号

责任编辑：李彦玲　　文字编辑：蒋　潇　李娇娇
责任校对：王鹏飞　　装帧设计：王晓宇

出版发行：化学工业出版社
（北京市东城区青年湖南街13号　邮政编码100011）
印　　装：北京天宇星印刷厂
787mm×1092mm　1/16　印张$10^1/_2$　字数190千字
2024年7月北京第1版第1次印刷

购书咨询：010-64518888　　售后服务：010-64518899
网　　址：http://www.cip.com.cn
凡购买本书，如有缺损质量问题，本社销售中心负责调换。

定　　价：58.00元

Preface

前言

古村落的消失给我国乡村文化的延续带来巨大的挑战与困难，河南西部的乡土建筑，尤其是窑洞等建筑，也同样面临着存在和消亡的选择。2013年，中央城镇化工作会议强调，要推进新型城镇化，让居民可以记住乡愁。乡愁的重要情感源头就是乡村记忆，而乡村记忆的主要载体即乡村的场所、建筑等物质环境。国家在“十四五”发展规划中也把乡村振兴作为一个中心议题，在《乡村振兴战略规划（2018—2022年）》中要求，要立足乡村文明，弘扬中华优秀传统文化，将历史记忆、地域特色、民族特点融入乡村建设与维护中。围绕乡村环境的研究已经成为当今学术的热点，如何保护传统聚落和民居、保持其地域特色，也逐渐成为建筑业乃至社会各界普遍关注的问题。

河南省地处我国中部，位于黄河中下游、华北平原南部，其境内太行山脉划分东西、纵贯南北。河南东部主要为平原，西接黄土高原，所以在河南境内既有黄土覆盖的高原地区，也有河谷平原地区，还有山地地貌地区。河南历史悠久，自夏商周伊始，便是中华的文化中心和历史中心，自然也形成了独特的民俗、民风和具有代表性的民居建筑。尤其是河南中部，它是地理特征的过渡地带，多样的地理特征造就了多样的民居形式，它们犹如在土地上生长的植物，依附在大地之上，特色如此鲜明，在结构上、形式上差异明显。河南文化既是跨地域的，又是连贯的，所以即使建筑的风格和形式是迥异的，但它们之间又存在着某种共同性。

这些乡土建筑依附于地理环境，承担了乡民的生活、生产、娱乐等不同的活动内容，也反映了乡民的文化信仰和风俗，所以乡土建筑就是一方文化的浓缩，这些乡土建筑不仅有自己的特色，而且还反映出独特的传统历史和深厚的文化内涵。

国内外的学者对乡土建筑进行了大量的研究，重视建筑形态与地理环境、社会文化的关系，运用历史、地理、文化相结合的方法分析和评价各类民居，用理论分析和案例结合的方法，研究乡土建筑的构造方法、结构、平面比例、立面形式，提出了乡土建筑特征质性研究的框架。露丝•康罗伊•道尔顿曾说，平面尺寸、比例关系是边界性的空间描述研究，而内部空间结构关系属于对空间深入性（逻辑）的研究。她认为建筑特征的研究也要深入到空间内部的拓扑关系中，即建立量化的研究方法，进行质化和量化的结合研究。乡村建筑是一个地域文化空间物化形态的凝聚，通过量化的研究可以把握更多不同地域空间发展的历史脉络，从而在空间布局和空间组合的关系中挖掘出建筑发展的基因要素，在历史、当今和未来之间建立一条发展路径，并坚持古为今用、今为后用、古今结合的原则，而不是一味地“崇古尚古”。以空间为研究视角也是基于文化发展和传承的需要，从乡村历史、文化记忆的角度保留和延续乡愁与乡绪。

本书试图运用定量研究的方法，提高研究的综合性和理论性。从质性研究的数据分类和介绍性研究方法到理论总结和多学科整合的方向，运用定性与定量相结合的方法，对乡土建筑之间的关系进行分析比较，从而表现出与社会、文化相呼应的建筑特征。

本书的完成首先要感谢西安建筑科技大学杨豪中教授、蔺宝钢教授的指导，感谢三门峡勘察设计院的杨启勇工程师、洛阳市偃师区旅游局的孙洪勋，以及禹州市规划局的李丽娟等给予的支持，所有的测绘统计是由硕士研究生丁雯静、朱璇、杨文哲辛苦完成的。由于时间仓促，书中恐有疏漏不妥之处，敬请批评指正。

朱少华

2023年12月

Contents

目录

1 绪论

1.1 乡土建筑的研究背景和目的

1.2 研究范围

1.3 研究方法

1.1 乡土建筑的研究背景和目的

1.1.1 研究背景

乡土建筑是稳定的农业生产地区的建筑。乡土建筑研究包括住宅及其他建筑类型的研究、聚落研究、建筑文化研究、装饰研究、匠人研究、建筑文化及礼仪研究等。国际古迹遗址理事会对乡土建筑的界定是:①某一社区共有的一种建造方式;②风格、形式和外观一致或者使用传统上建立的建筑型制;③非正式流传下来的用于设计和施工的传统专业技术;④一种对功能、社会和环境约束的有效回应;⑤一种对传统的建造体系和工艺的有效应用。

乡土建筑是中国建筑遗产的重要组成部分。在全球化浪潮中,如何保护传统聚落和民居,保持其地域特色,已逐渐成为建筑业乃至社会各界普遍关注的问题。因此,研究乡土建筑具有重要意义。河南省历史悠久,文化积淀深厚。由于其独特的自然环境和人文环境,形成了许多具有鲜明地域特色的民居建筑。这些乡土建筑不仅有自己的特色,而且能够反映出独特的历史传统和深厚的文化内涵。河南省位于黄河中下游,在华北平原的南部。豫西地区按主要地貌特征可分为黄土覆盖的高原地区、河谷平原地貌区和山地地貌区。其中,豫西黄土高原地区独特的地貌特征,形成了地下窑洞、靠崖窑的形式,山丘地区形成了地上窑洞的居住形式,平原地区形成了砖石建筑形式。

豫西乡土建筑既有共性特点,又有地区差异。从历史的角度看,豫西乡土建筑的产生、发展和演变已经建立了相对完整的序列。从发展的同步性来看,由于豫西地区自然环境和文化环境的差异,不同地区的乡土建筑又呈现出独特的地域特征。豫西乡土建筑因地制宜、因材施工、功能合理、结构经济,具有较高的科学、历史和艺术价值。因此,研究河南乡土建筑,对于揭示传统人居环境建设的规律和机制,总结传统人居环境建设的经验,合理保护和传承优秀历史文化遗产,促进当地经济发展,都具有重要的科学意义和现实价值。

1.1.2 研究目的

本研究以三门峡市(北纬34° 34′,东经111° 25′)和禹州市(北纬34° 18′,东经113° 51′)的10个村庄中的139个乡土建筑为研究对象,按照地坑窑建筑、独立式窑洞建筑和砖石建筑三种类型进行分类。通过分析建筑形态和建筑空间关系，把握其建筑特征，评价其建筑价值，并提出建筑再利用策略。具体研究过程如下。

首先，从理论角度对三类建筑的建筑形态、建筑空间特征、建筑空间组合关系、内在联系、建筑尺度等进行比较分析，对建筑形态与区域环境的关系进行实证检验和分析。其次，从实际出发，通过建筑价值评价，为豫西10个乡土建筑村落的发展规划和建筑保护提供评估方法和评估依据。最后，针对三类乡土建筑中大量闲置和废弃的建筑，提出功能置换和再利用的建议和对策。

1.2 研究范围

豫西是指位于黄河以南、伏牛山以北的地区。本研究选取豫西10个传统村落中的地坑窑、独立式窑洞和砖石建筑三种乡土建筑作为研究对象，对139座建筑物（表1-1）进行详细的调研和绘图，并对270位村民进行问卷调查。被调查建筑的建造时期主要是从清朝到中华人民共和国成立。在此期间，豫西传统地理范围基本形成，具有历史的连续性和相对的稳定性。并且在清朝、民国及新中国成立初期，豫西地区已具备较为稳定的文化圈层，形成了具有明显地域特色的乡土建筑。因此，本研究所选择的对象和范围主要是清朝豫西乡土建筑，也包括民国时期至新中国成立后五六十年代的乡土建筑。

表1-1 研究村名和建筑物分布情况

序号	地区	村庄名称	调查建筑的数量
1	三门峡市陕州区	曲村	17
2		刘寺村	18
3		窑底村	8
4		北营村	15
5		庙上村	9
6		官寨头村	5
7	许昌市禹州市	魏井村	21
8		神垕村	20
9		天硐村	21
10		浅井村	5
总计			139

1.3 研究方法

(1) 文献综述

根据已确定的研究对象，在图书馆和互联网上搜寻已发表的学术论文、地方志及相关书籍，收集和整理与豫西传统村落乡土建筑的自然、历史、社会和文化方面有关的文献和资料，以此作为研究的理论基础。

(2) 实地调查

于2020年6月至2022年12月期间，在三门峡及许昌地区进行有关乡土建筑的实地考察。对10个村庄中的139栋建筑物进行实地勘察，通过现场调查和建筑文件获得住宅状况的相关信息，为研究的主体部分提供全面和真实的数据。在田野调查中，对实际使用情况逐户进行登记，并通过问卷、摄影等方式收集基本信息。

(3) 空间句法分析法

基于空间句法理论，以空间为主要研究内容，利用Depthmap10软件对各类乡土建筑的空间形态进行定量分析，并对这些句法参数进行解释。运用空间句法中的凸空间划分方法，分析比较三类乡土建筑的整体建筑、庭院，以及主要房间的连接度、控制度、深度值和集合度。

(4) 数据统计分析法

使用SPSS软件（IBM SPSS statistics 24）进行数据描述统计，对建筑的规模差异、空间句法指标、问卷资料进行定量比较分析，包括进行独立样本T检验、F检验（ANOVA检验）和相关性、可行度检验等。

(5) 层次分析法和德尔菲法

运用层次分析法建立建筑物价值评价模型和建筑物再利用模型，运用德尔菲法进行价值评价，从而获得10个村庄的建筑物价值评价结果和三类建筑物再利用模式的评估结果，为农村建筑物的开发、定位和再利用提供依据。

(6) 比较分析法

将文献资料和实地调查资料进行整理和归纳后，首先对三类建筑的空间形态进行比较分析和研究，然后对三类乡土建筑的空间尺度和建筑空间关系（空间句法指标）进行比较，最后根据调查人群的年龄、职业和性别等因素，分析比较三类乡土建筑的满意度问卷的差异性。

2 乡土建筑研究理论与方法

2.1 乡土建筑研究理论综述

2.1.1 乡土建筑研究理论

20世纪60年代，阿莫斯•拉普卜特在其著作《住宅形式与文化》中将乡土建筑研究列为一门学科，正式标志着传统房屋研究的出现。鲁道夫斯基在其1964年的著作《没有建筑师的建筑：简明非正统建筑导论》中提出了两个问题，即什么是乡土建筑的价值和特征，以及现代社会建筑风格多样化的重要意义。在研究中，他避开了对著名建筑师及其作品的关注，开始关注分散在世界各地的民间建筑，对乡土建筑和聚落进行分析和研究，拓展了建筑历史的深度和广度。

日本学者原广司通过对世界各地定居点进行调查，写下了《世界聚落的教示100》。在建筑分区的研究方面，也有一些较为深入的研究案例。例如，马来西亚建筑师杨经文在他的著作《热带城市地区主义》中提出了一个全球建筑分区的想法。1978年英国出版了《乡土建筑手册》，布伦斯基尔教授用分区的方法展示了英国各种乡土建筑的结构和材料的分布情况。日本若山滋博士在他的著作《在风土上生长的建筑》中，从全球的角度讨论了民居，并用人文地理学的方法研究了建筑结构与气候、植物生态和建筑材料之间的关系。同时，他也对乡土建筑的分类和分布作了详细的论述。美国学者明恩溥于1998年出版了《中国乡村生活》一书，意大利学者安东内拉・胡贝尔于2004年出版了《地域・场地・建筑》一书，美国学者布莱恩・爱德华兹于2005年5月出版了《绿色建筑》一书。这些作品全面研究了地域、建筑与社会的关系等问题，并提出了如何向乡土建筑学习，创造可持续发展的建筑。

中国最早研究传统民居的学者是龙庆忠，他于1934年发表了《穴居杂考》一文，该文是关于窑洞民居的最早研究。他的学生陆元鼎撰写了《中国民居建筑》，在研究方法上，陆元鼎教授注重住宅建筑的施工方法和设计方法。1957年，刘敦桢教授根据他以往对古建筑的研究，撰写了《中国住宅概说》一书，这是早期从功能分类的角度对中国各地传统民居进行综合性研究的著作。在研究方法上，刘敦桢教授往往从建筑形式和功能分类入手，着眼于建筑风格的演变和建筑技术的发展。

1989年，中国清华大学教授陈志华、李秋香明确用“乡土建筑”一词取代“传统民居”，出版了《新叶村　中国乡土建筑》《诸葛村　中国乡土建筑》

等专著。陈志华教授希望乡土建筑能够开拓一个新的跨学科的学术领域，在中国文化和中国建筑史上占有一席之地。他认为乡土建筑的价值在于它能够让人了解传统中国，然后了解整个中国的历史、社会、文化和生活。在研究方法方面，他着重于对典型乡土建筑的微观研究和相对深入的个案研究。近年来，对地域性建筑的研究也越来越受到重视，包括村落结构、聚落形态以及地域性比较与探讨的研究。《武陵土家》《广西民居》等书籍反映了中国乡土建筑研究的各种成就。乡土建筑的研究对象，不再局限于民居，也涵盖了乡镇的庙宇、学校、剧院、商店、客栈等各类建筑。在内容方面，学者们并不局限于研究建筑的平面、形状和装饰，除了详细讨论设计理念和设计方法外，他们还广泛探讨了地理、历史、社会、文化因素与乡土建筑之间的互动关系。

2.1.2 河南乡土建筑文献综述

经过多年来众多学者的努力，河南乡土建筑的研究在广度和深度上都取得了很大的进展。主要研究成果包括：侯继尧、王军所著的《中国窑洞》，刘岩、郛学德所著的《河南古建筑史》，左满常、白宪臣所著的《河南民居》等。在河南住宅研究部分，他们侧重于个案研究，对大量普通住宅建筑的调查较少，大多数研究结果都是对调查实例的解释，没有系统的分析，对建筑的分析和研究主要集中在建筑的形式、结构方面，研究方向主要集中在建筑空间的组织规划、建造方法、建筑的社会意义等方面，缺乏定量的研究内容。

本研究试图运用定量研究的方法，提高研究的综合性和理论性。从质性研究的数据分类和介绍性研究方法，到理论总结和多学科整合的方向，运用定性与定量相结合的方法，对建筑之间的关系进行分析比较，从而研究出与社会、文化相呼应的建筑特征。

2.1.3 建筑价值文献综述

联合国教科文组织在1972年通过的《保护世界文化和自然遗产公约》中，提出了相应的文化遗产评价标准。在建筑方面，它要求文化遗产应具有历史性、艺术性、科学性和审美代表性，并符合真实性标准，评估范围包括历史悠久的传统建筑或具有典型经验、意义的聚落，以及重要事件的发生地。1994年，《奈良真实性文件》强调了文化背景和文化遗产所处环境的重要性，并认为文化背景和环境对价值判断有决定性的影响。1999年，《乡土建筑遗产宪章》以本土文化的传统背景作为其价值评价的基础，肯定其基本的地域特征，并确立了乡土建筑属于一个不同于传统保护文物的新类别的文物。

许多学者和专家也对建筑遗产的评价方法进行了研究。1992年，Purcell和Nasar从环境感知的角度提出了一个原型感知、熟悉性、外观和审美体验的评价模型。1995年，Bass和Ligtendag认为，最重要的遗产价值是典型性、稀缺性和与周围环境的一致性。2002年，Coeterier提出，遗产评价标准可以概括为形式、信息、功能、情感四个方面，形式可以细分为美学、初始、独特性和艺术性。2003年，Mazzanti从经济、文化价值和居民态度三个不同角度讨论了遗产评估的方法。奥地利专家弗雷德里克认为，历史建筑遗产应该具有以下价值：①历史价值，包括科学价值和情感价值；②艺术价值，包括艺术历史价值、艺术品质价值和艺术本身；③功能主义价值。苏联专家普鲁金教授从历史建筑保护和修复的角度认为，建筑价值应包括：①历史价值（决定历史真实性）；②城市规划价值（与历史城市规划相关）；③建筑美学价值（展示和决定建筑美学）；④艺术感知价值（艺术感受互动）；⑤科学修复价值（建筑可修复性）；⑥功能价值（与现代功能的结合）。弗雷德里克和普鲁金对建筑物的评价标准都增加了该项目的功能价值。各种评价标准总结在表2-1中。

表2-1 不同的建筑价值评价标准

文献名称或专家名	建筑价值划分			
保护世界文化和自然遗产公约（1972）	历史、科学价值	艺术、美学、表现和真实性价值		
奈良真实性文件（1994）	历史、社会和科学价值	艺术价值		
Prukin（1997）	历史价值、科学恢复价值	建筑美学价值、体验价值	规划价值	功能价值
Purcell, A.T., & Nasar, J.L.（1992）		原型感知，熟悉感		
Bass, H.G., & Ligtendag（1995）	与周围环境的一致性	典型性、稀缺性		
Coeterier, J.F.（2002）	信息性	形式、情感因素		功能利用
Mazzanti M.（2003）	文化性			居民的态度、经济性
B. Fradelier（1997）	历史价值	艺术价值		功能价值
种类归总	科学价值	艺术价值	社会价值	使用价值

在建筑价值评价标准中可以看出，前人的研究成果大多集中在建筑的科学价值、历史价值和艺术价值上，这主要是因为他们对建筑的评估大多是从文化遗产的角度出发的，相比之下，对社会价值和使用价值的关注不够。建筑物的使用价值是对建筑物再利用的功能价值的评估，它反映了建筑物业主和使用者的利益。社会价值是从城乡体系中确定建筑的作用。因此，本研究在前人研究的基础上，考虑了不同社会群体对传统住宅价值的评价角度，尽可能科学地总结传统住宅的价值构成，并将传统住宅的价值构成划分为科学价值、艺术价值、社会价值和使用价值四种类型。

2.2 空间句法理论

空间句法理论形成于20世纪70年代。1984年比尔·希列尔（B.Hillier）和朱利安妮·汉森（J.Hanson）合著的*The Social Logic of Space*标志着空间句法理论的正式创立。自该书问世，B.Hillier及伦敦大学学院巴特莱特建筑学院的同事们一直都在关注一个话题，即空间如何在房屋和城市的形式及功能方面起重要作用。而在此方面最为关键的研究成果为“空间组构”这一概念的提出。空间组构是一组整体性的关系，即其中任意一关系取决于与之相关的其他所有关系，它向人们展示了如何通过分析建筑物内外的空间模式去重新理解人类生存中社会与空间的互动关系，进而重新领悟在建筑物与城市之间形式和功能的相辅相成。在此基础上，许多学者进行了相应的实证研究，其中，B.Hillier更多地关注于对城市的研究，而J.Hanson则更多地倾向于建筑的研究，因此，对于城市和建筑的研究成为了空间句法理论的主要研究领域。J.Hanson对建筑层面的空间组构与社会文化之间的关系进行了大量的实证对比分析，最重要的研究成果*Decording Homes and Houses*于1998年出版，系统地阐释了多种类型建筑的空间组构与社会逻辑之间的关系，发现各空间之间的复杂关系暗合了人类社会认知与组织空间的方式，并与社会、经济、文化等空间分布具有高度的一致性。

在空间句法理论的发展中，对该理论推进具有不可忽视作用的事件主要有两个。第一个是1997年首届国际空间句法研讨会（International Space Syntax Symposium）在伦敦举行，其后两年一届的学术研讨会为世界范围内的交流提供了一个重要的平台，并在推广和完善理论上起着十分重要的作用。第八届国际空间句法研讨会于2012年1月在智利首都圣地亚哥召开，会议邀请了来自全球各地不同领域的学者，其中包括空间句法的创始人比尔·希列尔教授，以及来自拉丁美洲的阿尔弗雷多、弗雷德里科等17名专家学者。本次会议共收录了来自全球的270余篇与空间句法理论相关的学术论文，其中多关注于空间句法相关研究的最新成果，这说明了国际对于空间句法这一理论的极大肯定。第九届国际空间句法研讨会于2013年10月在韩国首尔拉开序幕。本次会议从空间分析和建筑理论、模型和方法的制定、城市空间与社会、空间认知与行为研究、绿色城市化与可持续发展等方面论述了空间句法领域的最新研究成果。第二个是2010年《空间句法期刊》（*The Journal of Space Syntax*）的创立，标志着空间句法理论开始拥有属于自己的学术刊物，也显示着该理论正在一步步走向成熟。此外，空间句法咨询公司的成立也促进了该理论与方法在西方实际工程中的广泛应用。理论与实践价值的共存使该学术流派日益强大起来。

在中国，空间句法的理论研究与应用实践尚处在引进和学习的初步阶段，缺乏系统性的研究。目前，国内对空间句法的研究多是在国外空间句法研究理论基础上，将其应用于实证检验研究，对空间句法的理论研究成果还较少。1985年赵冰翻译的《空间句法——城市新见》使国内开始对空间句法有了初步的了解和认知。2004年东南大学张愚、王建国在《再论“空间句法”》一文中对空间句法的分析技术和理论方法进行了详细阐述；2005年《世界建筑》的第11期对空间句法做了专题报道，国内学者开始关注空间句法。对空间句法理论介绍比较详细的入门书籍主要是2007年东南大学段进教授编写的《空间研究3：空间句法与城市规划》。国内对于空间句法的应用研究主要包括：对空间句法理论及分析方法的介绍和实例验证，以及利用句法分析解决实际问题；将空间句法理论与其他理论相结合，探讨分析空间内部关系；发现空间句法在空间分割方法上的不足并提出改进办法；在空间句法相关理论的基础上探索表达空间关系的方法。

2.2.1 空间句法的基本原则

空间句法源自图论中的邻接矩阵，其实质是以构形关系分析空间的几何属性。空间句法是在空间与空间关系的组构理论基础上建立的一种对空间进行客观量化评价的工具，已形成一套完整的理论体系、成熟的方法论，以及专门的空间分析软件技术。作为一种新的描述建筑空间模式的语言，其基本思想是对空间进行尺度划分和空间分割，分析其复杂的内在联系。它不仅注重局部空间的可达性，还强调整体空间的可达性和相关性。

空间句法研究的首要任务是模拟人们对局部空间的感知，将原始连接的空间划分为人们能够充分感知的局部空间单元，然后将这些局部空间连接起来，计算并分析它们之间的结构关系。这种先分后合的思维方式反映了人们视知觉的真实性。对空间进行划分的目的是导出一个表示整体空间形式和空间结构之间关系的连接图。通过连接图（图2-1），我们可以直观地定量分析空间关系，进一步探索空间系统内部的复杂关系。空间句法分析的基本方法有凸空间法、轴线法、视域法和全线法，得到的结果是现实世界的具体化。在建筑空间分析中，主要采用凸空间法进行空间划分。在进行凸空间分析时（图2-2），用若干个凸空间覆盖整个空间系统，然后将每个凸空间作为一个节点，根据它们之间的连接关系将其转换成一个关系图，并计算和分析各种空间的句法变量。

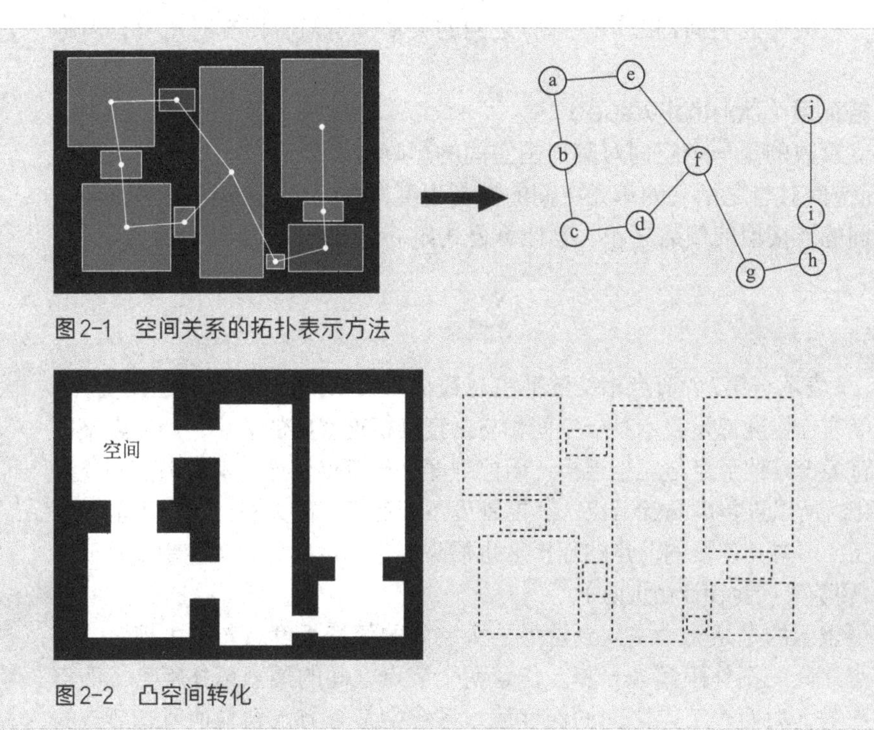

图2-1 空间关系的拓扑表示方法

图2-2 凸空间转化

2.2.2 空间句法的主要指标

为进一步精确描述和分析空间系统，在空间划分的基础上，空间句法理论发展了一系列基于空间拓扑计算的技术变量指标。目前常用的空间句法指标有连接度、控制度、深度值、集合度和可理解度。其中，连接度、控制度、深度值和局部集合度为局部变量，描述局部空间的结构特征；整体集合度和全局深度值是整体变量，描述整体空间的结构特征；可理解度则是描述局部变量与整体变量之间相关度的变量。

（1）**连接度**（connectivity value）

连接度表示在一个空间系统中与第i个单元空间相交的空间数，反映空间的渗透性，是一个局部变量。在连接图中，连接度表示与第i个节点相连的节点数，即系统中与某一个节点直接相连的节点个数为该节点的连接度。连接度越高，则说明此空间与周围空间联系越密切，对周围空间的影响力越强,此空间的渗透性越好。其计算公式如下：

$$C_i = \sum R_{ij}$$

式中，R_{ij}为单元空间i和单元空间j之间的关系，当两者相交时R_{ij}=1，不相交时则R_{ij}=0。

（2）**控制度**（control value）

控制度反映的是一个空间对其周围空间的影响度，表示在一个空间系统中第i个单元空间对与之相交的单元空间的控制程度，在数值上等于与空间i相交的所有空间的连接值的倒数之和。其计算公式如下：

$$\mathrm{Ctrl}_i = \sum_{j=1}^{k} \frac{1}{C_j}$$

式中，k表示与第i个节点相交的节点总数；C_j表示第j个节点的连接值。

控制度与连接度都是表示某一空间和与之直接相连空间的关系，连接度是该节点自身有多少其他节点与之相连接，而控制度是与节点相连的其他节点的连接值的倒数和，所以连接度高的节点，其控制度不一定高。因为有的节点可能本身连接度较高，但与其连接的节点的连接度也很高，这必然会导致其控制度较低。

（3）**深度值**（depth value）

深度值表示的是从一个空间到达另一个空间的便捷程度。句法中规定，两个相邻节点之间的拓扑距离为一步。任意两个节点之间的最短拓扑距离，即空间转换的次数，为两个节点之间的深度值。系统中某个节点到其他所有节点的最少步数的平均值，即为该节点的平均深度值。系统的全局深度值则是各节点的平均深度值之和。深度值表达的是节点在拓扑意义上的可达性，而不是指实际距离，即节点在空间系统中的便捷程度。通常，全局深度值越小，表示该空间位于系统中较便捷的位置，数值越高代表空间越深邃。其计算公式如下：

$$D = \sum d \times N_d$$

式中，d为空间i到其他任意一个空间的最短步距离；N_d为最短步距离为d的空间数。

（4）**集合度**（integration value）

集合度是空间句法分析中应用最多且最重要的一个参量，反映了系统中某一节点与其他节点联系的紧密程度。集合度的值越大，表示该节点在系统中的便捷程度越高，公共性越强，可达性越好，越容易集聚人流。

2.2.3 空间句法的分析过程与步骤

与大多数分析模型的操作程序相同，在运用空间句法对建筑空间进行量化时，其分析过程包括以下四个阶段。

（1）前期资料准备

对建筑空间进行量化分析，首先要掌握建筑的平面功能布局。为了方便使用空间句法软件的多重分析功能，收集到的空间资料最好和实际使用的空间完全匹配，才能使分析的结果更准确。

（2）空间划分

前期资料准备完成以后，要对空间布局进行绘制。图纸处理好以后，按照空间句法对空间构形的分割方法进行空间分割。空间的划分是空间句法量化分析过程中的重要步骤。

（3）模型的调整与运算

将用AutoCAD软件（简称CAD）绘制好的图纸存储为dxf格式，导入Depthmap软件，如果遇到某些空间无法识别的情况，则需要返回CAD中进行调整。调整好后就可以对模型进行设置并运算。运算的结果通常以颜色来区分，不同的颜色代表的意义也不同。如在轴线分析中，红色意味着集成度高、人的运动潜力高，而蓝色却意味着集成度低、人的运动潜力低。

（4）读图

这部分是空间句法量化分析最重要一步，在空间分析的过程中，每个空间都会得到相关的分析数据，查看这些数据并运用相关的知识对计算结果进行解读，分析数据含义，发现并解决问题，才是量化分析的最终目的。

2.3 层次分析法和德尔菲法

2.3.1 层次分析法的基本原理

层次分析法简称AHP法，是美国运筹学家萨蒂（T. L. Saaty）于20世纪70年代提出的一种定性分析与定量分析相结合的多目标决策分析方法。层次分析法是一种把定性问题进行定量化分析的较为成熟的问题研究方法。其基本步骤是将一个复杂问题看成一个系统，根据系统内部因素之间的隶属关系，建立一个有条理的层次结构模型，并以同一层次的各种因素对于上一层因素的重要性为准则，构造判断矩阵，进行两两比较并计算出各因素的权重。在两两判断比较进行权重确定时，往往有少数专家依据他们的直接经验来确定。

层次分析法可以对非定量事件作定量分析，以及对人的主观判断作出定量描述。该方法采用数学方法描述需要解决的问题，适用于多目标、多因素、多准则、难以全部量化的大型复杂系统，对于目标（或因素）结构复杂并且缺乏必要数据的情况也比较适用。

层次分析方法的基本原理是把分析或评价的对象层次化，根据问题的性质和评价的要求，将评价的问题分解为不同的组成因素或评价指标，并按照这些因素之间的隶属关系，将各因素以不同层次进行聚集组合，形成一个多层次的、有明确关系的、条理化的分析评价结构模型。对于组成因素或者子系统的评价，实际上是最底层因素对最高层次因素的相对重要性权重值的确定，或者是构成相对优劣次序的排队问题。在计算每一层次的所有因素相对于上层次某因素重要性的单排序问题时，又可以简化成一系列成对因素的判断比较。为了判断、比较的定量化，引入1～9比例标度法，并构造判断矩阵。通过对判断矩阵的最大特征根以及相应的特征向量的计算，求出某层因素相对于上层某一因素的相对重要性的权重值。这种计算权重的方法，是一种定性分析和定量分析相结合的方法。决策者通过应用这种方法，将复杂的事物或者复杂的问题分解成若干个层次或若干个因素，并在各个因素之间进行简单的判断比较和计算，就可以对不同的对象或方案提供评价，并作出决策。

2.3.2 层次分析法的分析步骤

层次分析法的基本思想是把决策问题按目标、评价要素、子要素、具体措施的顺序分解为不同层次的结构，然后利用求判断矩阵特征向量的方法，求出每层次的各元素对上层次某元素的权重，最后用加权和的方法递阶归并，求出各方案总目标的权重，越重要的因素权重越大。因此，用层次分析法分析问题，大体分为明确问题、建立层次结构模型、构造判断矩阵、层次单排序及一致性检验、层次总排序及一致性检验、最终决策六个步骤。

（1）建立层次结构模型

面对复杂的决策问题，应从利于进行决策分析的角度出发，运用层次分析法进行系统分析时，先对问题所涉及的因素进行分类，即把系统所包含的因素进行分组，每一组作为一个层次，按照最高层、若干有关的中间层和最底层的形式排列起来，构成一个各因素之间相互联结的层次结构模型，如图2-3所示。这些都要由具体问题的分析而定，没有一个固定的模式。具体方法是通过逐层比较多种关联因素，按照目标到措施自上而下地将各类因素之间的直接影响关系排列于不同层次，并构成层次结构图。最高层表示解决问题的目的，即应用AHP所要达到的最终目的。

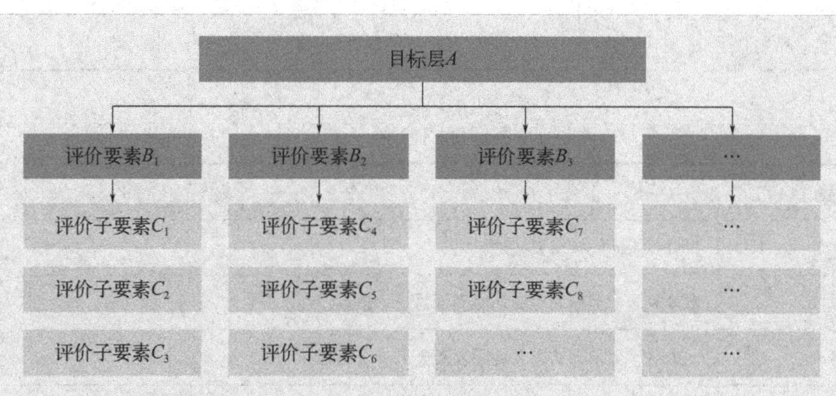

图2-3 层次结构模型

（2）构造判断矩阵

任何系统分析都以一定的信息为基础，层次分析法的信息基础主要是人们对每一层次中各元素的相对重要性给出的判断。将这些判断用数值表示出来，写成的矩阵形式就是判断矩阵。

判断矩阵表示针对上一层次某元素而言，本层次与之有关的各元素之间的相对重要性。比较每一个下层相关元素B_i、B_j之间对于上层某元素A_k的相对重要性，即构成如下一组多元素的判断矩阵$\boldsymbol{B}$（表2-2）。

表2-2 各元素相对重要性的判断矩阵

A_k	B_1	B_2	…	B_j	…	B_n
B_1	b_{11}	b_{12}	…	…	…	b_{1n}
B_2	b_{21}	b_{22}	…	…	…	b_{2n}
…	…	…	…	…	…	…
B_i	b_{i1}	b_{i2}	…	b_{ij}	…	b_{in}
…	…	…	…	…	…	…
B_n	b_{n1}	b_{n2}	…	b_{nj}	…	b_{nn}

其中，b_{ij}是对于A_k而言B_i对B_j的相对重要性的数值表示，b_{ij}是b_i与b_j的比值，通常用表2-3所示的1~9比例标度法规定量化指标，各标度的含义如表2-4所示。

表2-3　比例标度法

两元素对上层元素比较	相等	稍微重要	明显重要	强烈重要	极端重要
矩阵中对应节点b_{ij}	1	3（1/3）	5（1/5）	7（1/7）	9（1/9）

表2-4　各标度的含义

标度	含义
1	两个指标同样重要
3	其中一个指标的重要性略高于另一个指标
5	其中一个指标的重要性明显高于另一个指标
7	两个指标相比，一个指标强烈重要
9	两个指标相比，一个指标极其重要
2、4、6、8	上述判断的中位数
相互关系	指数j与指数i之比是指数i与指数j之比的倒数，即$b_{ij}=1/b_{ji}$

（3）层次单排序及一致性检验

层次单排序是根据上层某元素的判断矩阵，利用和积法或方根法，计算出某层次的元素对上一层某元素的相对重要性的权重值，然后根据权重值排列次序。它是本层次所有元素相对于上一层次，乃至最高层次重要性进行排序的基础。

层次单排序可以归结为计算判断矩阵的特征值和特征向量，即对判断矩阵$\boldsymbol{B}$，计算满足$BW=\lambda_{\max}W$的最大特征值$\lambda_{\max}$和对应的、经过归一化的特征向量W，其中特征向量$W=(W_1, W_2, \cdots, W_n)^{\mathrm{T}}$，就是该层次$n$个因素的权重向量。

层次分析法中的主要计算问题是矩阵的最大特征值$\lambda_{\max}$及其特征向量W的计算。一般有两种计算方法：和积法和方根法。本研究是采用和积法，计算步骤如下。

① 将判断矩阵按列归一化：

$$\overline{b_{ij}}=\frac{b_{ij}}{\sum_{k=1}^{n}b_{kj}}\quad(i, j=1, 2, \cdots, n)$$

② 每列归一化后的判断矩阵按行相加：

$$\overline{W_i}=\sum_{j=1}^{n}\overline{b_{ij}}\quad (j=1, 2, \cdots, n)$$

③ 对向量$\overline{W}$ =（$\overline{W_1}$，$\overline{W_2}$，$\cdots$，$\overline{W_n}$）^{T}归一化：

$$W=\frac{\overline{W_i}}{\sum_{i=1}^{n}\overline{W_j}}\quad (i=1,2,\cdots,n)$$

得到的W=（W_1, W_2,$\cdots$, W_n）^{T}即为所求特征向量。

④ 计算判断矩阵最大特征值：

$$\lambda_{max}=\sum_{i=1}^{n}\frac{(AW)_i}{nW_i}$$

式中，$(AW)_i$表示向量AW的第i个分量。而最大特征值λ_{max}是用来检验判断矩阵的一致性的。

计算CI值，公式如下：

$$CI=\frac{\lambda_{max}-n}{n-1}$$

将CI与平均随机一致性指标RI进行比较得到CR。RI的取值标准如表2-5所示。计算公式如下：

$$CR=\frac{CI}{RI}$$

表2-5　RI的取值标准

矩阵阶数	1	2	3	4	5	6	7	8	9
RI	0.00	0.00	0.58	0.90	1.12	1.24	1.32	1.41	1.45

如果CR<0.1，就可认为矩阵具有一致性，否则需要调整矩阵，重新估计b_{ij}值，再进行检验。

（4）层次总排序及一致性检验

针对上一层次A中的m个因素（A_1，A_2, $\cdots$, A_m）逐个对B层次中的n个因素（B_1，B_2，$\cdots$，B_n）进行单排序（即进行了m次单排序）后，就可以利用这些结果得到B_1，B_2，$\cdots$，B_n对整个A层次的一组权重值，作为B层次各因素按重要性排序的依据，这就是层次总排序。

层次总排序是逐层间的因素排序，按从上到下的顺序逐层计算同层各因素对于最高层的相对重要性权重值。由于最高层就是一个因素，所以最高层下面一层的单排序就是总排序。

2.3.3 德尔菲法

德尔菲法也称为专家调查法、专家赋值法。具体方法是针对某一问题向该领域的专家咨询，在保证专家互不见面的情况下，采用书面形式就某一问题广泛征求专家意见，在每位专家对评价指标赋权重值后，再对每个指标求平均值。经过几次反复征询和反馈，专家组成员的意见会逐步趋于集中，最后获得具有很高准确率的集体判断结果。

3

三种类型乡土建筑的形式特征分析

3.1 豫西乡土建筑调查

3.1.1 被调查村庄现状

本研究调查了10个村落的139个乡土建筑，其中6个位于三门峡市陕州区，4个位于许昌市禹州市。

（1）6个陕州区村落

① 庙上村。位于陕州区西张村镇，常住人口约829人，271户。村中现有地坑院81个，用作旅游开发的13个，9个被居住，废弃59个。

② 官寨头村。位于陕州区张汴乡中部，全村有397人，104户，地坑窑14个，使用2个，废弃12个。

③ 曲村。位于陕州区张汴乡，人口1560人，410户，地坑窑54个，使用中4个，废弃50个。

④ 刘寺村。位于陕州区张汴乡，距离三门峡市11公里。共有地坑院235个，其中清代地坑院62个，民国地坑院28个。保存状态较好、结构安全完整、风貌完善的地坑院有71个。21个窑洞有人居住，其他214个已经废弃，无人居住或部分坍塌。

⑤ 窑底村。位于陕州区张汴乡中部，距三门峡市区26.1公里，全村有1419人，354户。地坑窑数量77个，使用的有26个，无人居住或废弃的有51个。

⑥ 北营村。位于河南省三门峡市的陕州区张汴乡，人口 968人，户数242户，地坑窑80个，12个用于旅游开发，使用中6个，62个已废弃。

（2）禹州市村落

① 魏井村。位于禹州市鸠山镇西北7.5公里处。包括刘家门、大坪、小坪、魏寨、东窝、里河、要闾7个自然村，266户，1200人。传统建筑占村庄建筑总面积的比例达到35%，大多以砖石结构为主，传统建筑皆保存完好。

② 天硐村。位于禹州市西部的鸠山镇。天硐村地处偏远山区，村民多依山傍水而居，建筑多错落在三条自然形成的河道两侧，呈带状分布，村落传统建筑材料以本地烧制的青砖、石材、夯土、木材为主。村内建筑格局多样，整体建筑保存基本完好；在建筑特点上，综合了北方四合院的建筑风格；在结构上，以青砖灰瓦、石砌墙体、窑洞为主。

③ 浅井村。位于禹州市浅井镇，383户，1353人，历史传统住宅27个，大部分为清代和民国建筑，建筑结构为砖木结构。

④ 神垕村。位于禹州市西南30公里处，是驰名中外的钧瓷文化发祥地，也是中国北方陶瓷的主要产地和集散地。神垕的钧瓷有上千年的历史，在宋代最为鼎盛。该村不但复兴了独特的钧瓷烧造技艺，还留有明清时期较为完好的建筑群。

3.1.2 调查建筑内容

对豫西地区10个村的139栋乡土建筑的基本资料进行了调查，包括建筑布局，建造年份，整体建筑、院落、主房的总深度、宽度、面积、纵横比等（表3-1）。对于窑洞建筑也进行了洞穴数量的调查和计算。尺寸信息见附录1，平面布局见附录2。整体建筑、院落和主房面积的统计数据见表3-2。

表3-1 被调查建筑物的尺寸内容类别

类别	考察内容
整体建筑	宽（W_1），深（D_1），纵横比（W_1/D_1），面积（$W_1 \times D_1$）
院落	宽（W_2），深（D_2），纵横比（W_2/D_2），面积（$W_2 \times D_2$）
主房	宽（W_3），深（D_3），纵横比（W_3/D_3），面积（$W_3 \times D_3$）

表3-2 整体建筑、院落及主房的面积数据统计

整体建筑	数量(占比/%)	院落	数量(占比/%)	主房	数量(占比/%)
建造年代		—	—	—	—
1644~1912年	94(67.6)				
1912~1949年	27(19.4)				
1949年后	18(13)				
窑洞孔数		—	—	—	—
无	31(22.3)				
8孔以下	36(25.9)				
8孔	10(7.2)				
10孔	32(23)				
12孔	30(21.6)				
宽		宽		宽	
15m以下	54(38.8)	10m以下	18(12.9)	2.8m以下	9(6.5)
15~20m	12(8.6)	10~12m	38(27.3)	2.8~3.1m	53(38.1)
20~25m	12(8.6)	12~14m	51(36.7)	3.1~3.4m	23(16.5)
25~30m	35(25.2)	14~16m	18(12.9)	3.4~4m	16(11.5)

续表

整体建筑	数量(占比/%)	院落	数量(占比/%)	主房	数量(占比/%)
宽		宽		宽	
30m以上	26(18.7)	16m以上	14(10.1)	4m以上	38(27.3)
平均	21.3m	平均	12.5m	平均	4.66m
深度		深度		深度	
15m以下	6(4.3)	9m以下	13(9.4)	4m以下	4(2.9)
15～20m	26(18.7)	9～12m	45(32.4)	4～6m	29(20.9)
20～25m	23(16.5)	12～15m	41(29.5)	6～8m	43(30.9)
25～30m	45(32.3)	15～20m	17(12.2)	8～10m	45(32.4)
30m以上	39(28.1)	20m以上	23(16.5)	10m以上	18(12.9)
平均	26.5m	平均	15.14m	平均	7.57m
W_1/D_1		W_1/D_1		W_1/D_1	
0.5以下	18(12.9)	0.5以下	16(11.5)	0.3以下	23(16.5)
0.5～0.75	35(25.2)	0.5～0.75	24(17.3)	0.3～0.5	61(43.9)
0.75～1	51(36.6)	0.75～1	29(20.8)	0.5～0.75	24(17.3)
1～1.25	31(22.3)	1～1.25	37(26.6)	0.75～1	3(2.2)
1.25以上	4(3)	1.25以上	33(23.8)	1以上	28(20.1)
平均	0.83	平均	0.99	平均	0.76
面积		面积		面积	
$200m^2$以下	10(7.2)	$100m^2$以下	21(15.1)	$20m^2$以下	13(9.4)
200～$500m^2$	51(36.7)	100～$150m^2$	38(27.3)	20～$25m^2$	37(26.6)
500～$800m^2$	40(28.8)	150～$200m^2$	41(29.5)	25～$30m^2$	44(31.6)
800～$1000m^2$	25(18.0)	200～$250m^2$	14(10.1)	30～$35m^2$	16(11.5)
$1000m^2$以上	13(9.3)	$250m^2$以上	25(18.0)	$35m^2$以上	29(20.9)
平均	$587.95m^2$	平均	$191.1m^2$	平均	$30.95m^2$

3.1.3 建筑物的地域分布和建造年代

在调查对象中，陕州区有6个村，共72座建筑物，即曲村（17座）、刘寺村（18座）、窑底村（8座）、北营村（15座）、庙上村（9座）和官寨头村（5座），许昌市禹州市共有4个村庄、67座建筑，分别是魏井村（21座）、神垕村（20座）、天硐村（21座）和浅井村（5座）。所考察的豫西乡土建筑的建造时期包括清代（1644～1912年）、民国时期（1912～1949年）和新中国成立后（1949年以后）三个时期。

从表3-3可以看出，在陕州区和禹州市所调查的建筑中，清代建筑最多，其次是民国时期。

表3-3 各村庄被调查建筑物的时代分布

地区	村名	清代（1644～1912年）	民国时期（1912～1949年）	新中国成立后(1949年后)	全部
三门峡市陕州区	曲村	7	5	5	17
	刘寺村	9	5	4	18
	窑底村	3	4	1	8
	北营村	11		4	15
	庙上村	7	2		9
	官寨头村		2	3	5
	全部	37	18	17	72
许昌市禹州市	魏井村	17	3	1	21
	神垕村	16	4		20
	天硐村	19	2		21
	浅井村	5			5
	全部	57	9	1	67
全部		94	27	18	139

3.1.4 窑洞孔数的调查和统计

在调查中发现，陕州区的6个村庄分布着地坑窑，禹州市的魏井村和天硐村分布着独立式样窑洞。所有地坑窑都是8孔以上，其中10孔和12孔的窑洞最多，而独立式窑洞的洞口较少，其中3孔窑洞数量最多（表3-4）。这主要是因为地坑窑可以四面开洞，而独立式窑洞只有一面，另一面多为砖石房屋。

表3-4 不同孔数的窑洞数量统计

地区	村名	1孔窑	2孔窑	3孔窑	4孔窑	5孔窑	8孔窑	10孔窑	12孔窑	合计
三门峡市陕州区	曲村						3	3	11	17
	刘寺村						5	10	3	18
	窑底村						1	4	3	8
	北营村						1	4	10	15
	庙上村							9		9

续表

地区	村名	1孔窑	2孔窑	3孔窑	4孔窑	5孔窑	8孔窑	10孔窑	12孔窑	合计
三门峡市陕州区	官寨头村							2	3	5
	合计						10	32	30	72
许昌市禹州市	魏井村		1	17	1	1				20
	神垕村									
	天硐村	2	3	9	1	1				16
	浅井村									
	合计	2	4	26	2	2				36

3.2 地坑窑的建筑特征

3.2.1 地坑窑的形式特征

由于黄土具有良好的完整性和适度的柔韧性，人们使用简单的石器就可以开挖洞穴，因此黄河流域的先民们较早时期就建造了类似动物居住洞穴样式的窑洞。在新石器时代，约公元前8000至前7000年间，黄土高原就出现了大量的垂直洞穴形式（图3-1），同时，水平洞穴形式则出现在陡峭的悬崖表面（图3-2）。

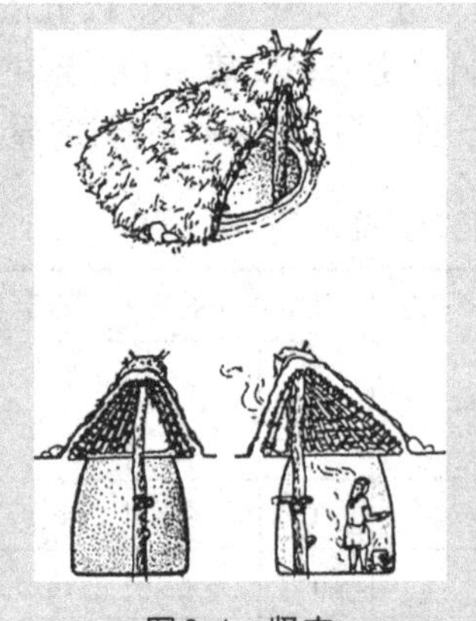

图3-1　竖穴

图3-2　横穴

黄土高原是中华文明发源相对较早的地区，人口密集。由于天然植物被破坏，水土流失严重，不易恢复，因此，黄土高原木结构建筑的发展受到阻碍。相反，天然黄土资源为洞穴民居的发展提供了良好的地理条件。根据建筑布局和结构形式，窑洞分为三种类型，即靠崖窑、地坑窑和独立式窑洞。地坑窑也被称为地下洞穴，实际上是从地下洞穴住宅演化而来的。在黄土高原的干旱地区，没有山坡和沟壑，人们利用黄土直立稳定的特点，在地面上挖一个坑（垂直的洞），形成一个四壁的地下庭院（也称为庭院或地坑院）（图3-3、图3-4），然后再在四壁上挖出洞穴（水平的洞穴）。这是人工创造崖面之后进行的窑洞建造形式。

图3-3　地坑窑的立体示意图

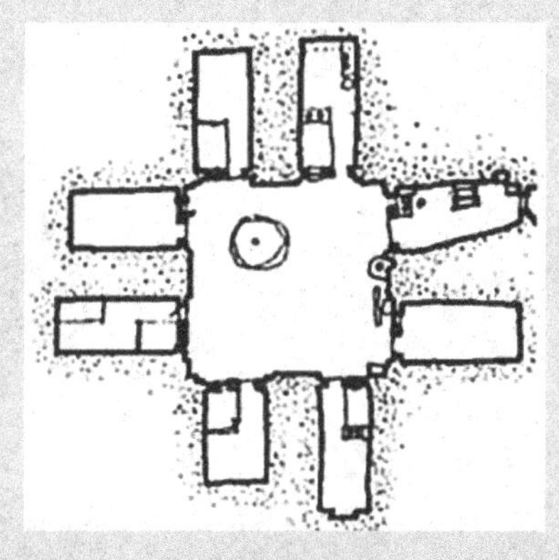

图3-4　坑窑平面图（资料来源：侯继尧《中国窑居》）

（1）地坑窑的平面设计原则

河南省陕州区是中国最早的文化摇篮之一，也是中国第一个王朝夏朝的中心区域，至今仍然保留着自己的地方文化特色，受中国早期的传统文化的影响，窑洞的布局也很有特色。在窑洞的建造上，这一地区深受儒道文化的影响，尤其是其中的八卦思想。八卦使用“乾、坤、巽、艮、坎、兑、离、震”来表示不同的意义，这些不同的意义成为窑洞命名的基础和划分房间功能的基础（表3-5）。中国传统的堪舆学作为一种非常复杂的在建筑建造时所应用的学问，在豫西地区的窑洞建造中也得到了充分体现。在地坑窑的建筑布局上，一般用后天八卦对应于八个方位：乾代表西北，坤代表西南，巽代表东南，艮代表东北方，坎代表北方，兑代表西方，离代表南方，震代表东方（图3-5）。

表3-5　各窑室在不同窑型中的作用

方位	北坎房	东震房	南离房	西兑房
东方	晚辈	主房	大门	次主房
南方	次主房	大门	主房	晚辈居住或安置牲畜
西方	牲畜	次主房	晚辈	主房
北方	主房	晚辈	次主房	晚辈
东南方	大门	厨房	厨房	厕所
西北方	晚辈	晚辈	晚辈	厨房
东北方	厨房	晚辈	厕所	大门
西南方	厕所	厕所	晚辈	晚辈

按照中国堪舆学思想，在建造地坑窑时，注重地形与水流的定位，根据主

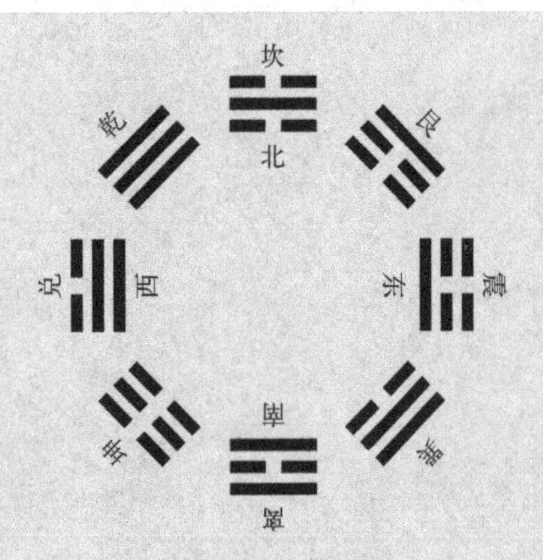

图3-5　后天八卦的方位图

窑的方向命名庭院，此外，主窑和门口必须相对布置。根据主窑的方向，地坑窑一般可以分为四类，即北坎窑、东震窑、南离窑和西兑窑。主坑窑的位置必须由堪舆师设计和选择，其他窑可以在主窑和入口的位置决定后再确定。用于命名地坑窑的窑室称为上主窑，而与上主窑相对的窑室称为下主窑。上主窑与其他窑的不同之处在于，上主窑一般都设有三窗，这是其他窑房不可能具备的特点，因此可以根据窗户的数量来确定上主窑的位置。

（2）地坑窑的功能布局（图3-6）

东震宅东高西低，大门的入口在南边，主窑在东边，其对面是下主窑。东

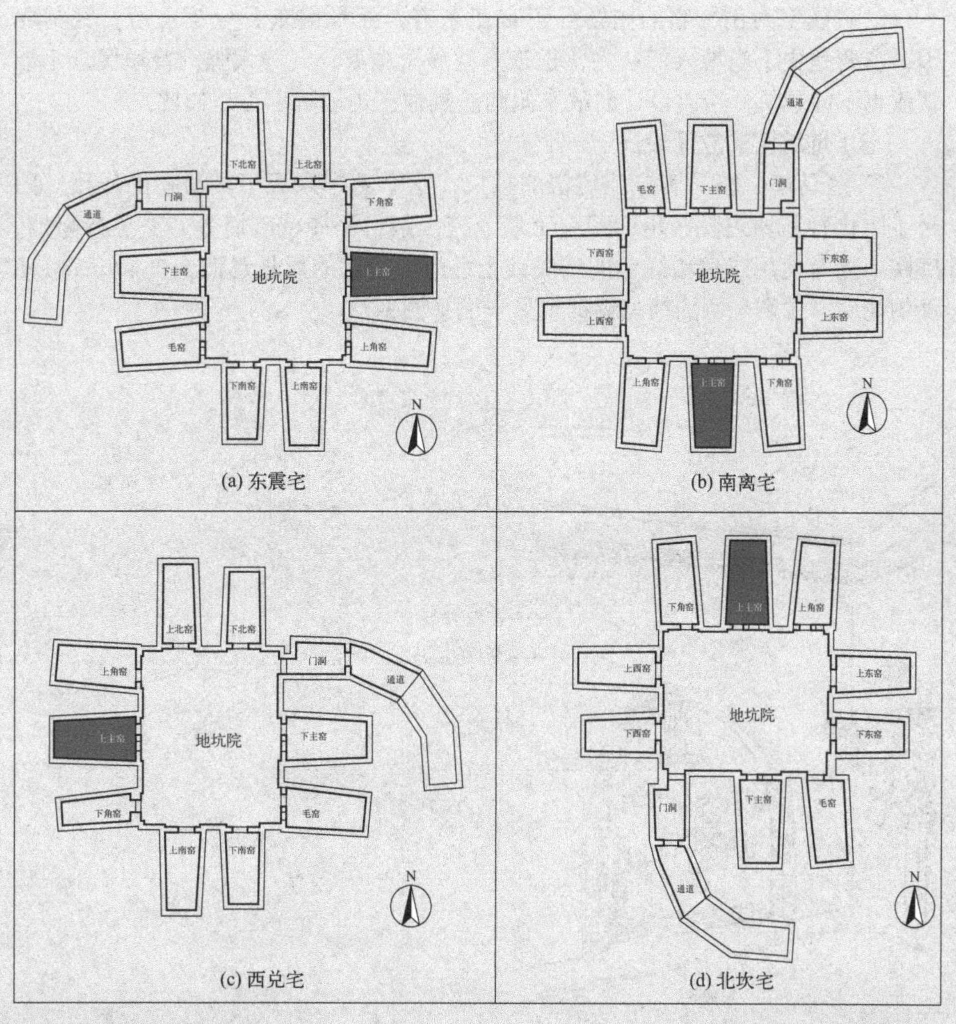

(a) 东震宅　(b) 南离宅　(c) 西兑宅　(d) 北坎宅

图3-6　四种不同方位的地坑窑

南窑为厨房，西南窑设有旱厕，其余窑为晚辈窑。

南离宅以南为上部，地势南高北低，东为强边，西为弱边。主窑在南边，下主窑在北边，门口在东边。东北的窑有厕所，东南的窑有炉灶，其余的窑都是年轻一代居住的。

西兑宅西高东低，北强南弱，门洞位于东北。西有主窑，东有下主窑，南有窑，西北有炉，东南有厕所。南窑、北窑、西北窑、西南窑都可供年轻一代居住。

北坎宅的北面是主窑，南面是较低的主窑，北边高，南边低。门洞位于东南方向，卫生间在西南方向，厨房在东北方向，西窑是家畜窑，其余的窑供晚辈居住。

以东震宅为例，它的主窑并不在正东方，而是偏东1°～5°左右。究其原因，主要是由于当地人们认为，正东方向属于皇家，气势太强，普通民众不能驾驭也不能越位，所以设计时故意偏向。其他三类地坑窑也是如此。

（3）地坑窑的立面设计

① 挡马墙。挡马墙是地坑窑的檐口，这个名字来源于其最初的作用，即为了防止牲畜掉进院子里而用夯土墙、夯土结合瓷砖或砖墙等方法进行阻挡。庭院中通常使用绿色和红色的砖块或土坯沿着庭院的周长建造一个40～80cm高的花墙。主窑一侧的挡马墙高于另一侧（图3-7）。

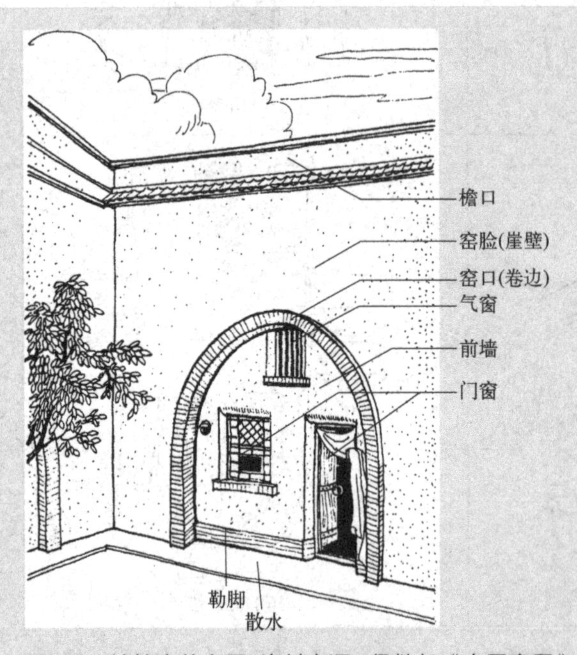

图3-7　地坑窑的立面（资料来源：侯继尧《中国窑居》）

② 睫毛。沿着地坑窑内壁有一层屋檐，通常被称为睫毛。它是为了防止雨水溅到悬崖表面，以避免缩短其使用寿命而设计的。其结构包括檐部和支撑部两部分。屋檐部分的做法比较简单，只需通过不同的铺设方法，即可灵活地改变蓝瓦或机制瓦的形式。

③ 窑脸、门窗、基座。窑脸是窑的正面，它是装修的重点和花费最多的地方，通常使用砖块和土坯材料。门窗是窑脸最主要的构成部分，门窗的形式主要有两种，即一门三窗形式和一门两窗形式。主窑的门窗形式和装饰优于其他的窑室，它往往使用一门三窗（图3-8），而其他窑室多为一门两窗（图3-9）。厕所窑只有门而没有窗户。基座位于崖面的底部，以防止雨水落在地面上溅到崖面而造成损害。

图3-8　一门三窗的形式

图3-9　一门两窗的形式

3.2.2 地坑窑的结构特征

窑顶是一个拱顶，拱的高度和形式决定了其立面的特点。由于自然地理条件、经济和技术因素的不同，黄土高原的坑窑有不同的拱形结构。河南陕州区窑洞以双心拱和三心拱最为常见。拱的纵横比（拱高与拱宽的比值）一般为0.9：1.1。

（1）地坑窑的尺寸

通过对陕州区6个村72个窑进行现场调查与实测，得出的统计数据包括布局形态、庭院尺寸（高度、宽度和深度）。据统计，地坑窑洞的平均深度为5.5～6m。庭院的布局主要是一个四合院的形状，有正方形和长方形两种形态。根据窑洞的数量，可分为8孔窑、10孔窑和12孔窑。窑洞庭院的大小如表3-6所示。

表3-6 地坑窑庭院和主窑尺寸

地坑窑的种类	数量/个	院落平均宽度/m	院落平均深度/m	主窑平均宽度/m	主窑平均深度/m
8孔窑	10	12.84	10.97	3.00	7.90
10孔窑	32	11.90	11.67	2.96	9.27
12孔窑	30	13.21	13.93	2.97	8.70

从拱顶到地面的距离即地坑窑的覆土厚度，一般为3m，有的可达到4m。地坑窑门高约2m，拱高约1m，即洞穴净高约3m，相应的房间宽度约为3m。为了获得光线，深度一般为7～8m，最大不能超过12m。窑外大内小，前高后低，形式如图3-10所示。

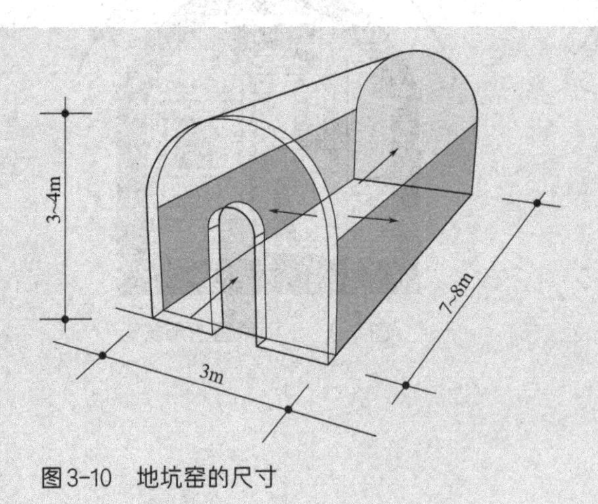

图3-10 地坑窑的尺寸

窑房的用途不同，尺寸也不同。按其尺寸的不同可分为一丈零五窑、九五窑、八五窑、七五窑。一丈零五窑是指窑室的高度（从拱券顶端到地面的高度）为1.05丈（3.5m），宽度为1丈（3.33m）。九五窑高0.95丈（3.16m），宽0.9丈（3m）。八五窑高0.85丈（2.83m），宽0.8丈（2.66m）。七五窑高0.75丈（2.5m），宽0.7丈（2.33m）。主窑的规模一般是庭院中最大的，可以是一丈零五窑或九五窑。在6个村庄中，一丈零五窑的主窑有7个，九五窑有65个。主窑一般用于祭祀、举行会议或长者生活。下主窑一般为九五或八五窑，较小的窑主要用作门、厕所或储藏室（表3-7）。

表3-7 不同窑室的功能与尺寸

项目	一丈零五窑	九五窑	八五窑	七五窑
高度	1.05丈（3.5m）	0.95丈（3.16m）	0.85丈（2.83m）	0.75丈（2.5m）
宽度	1丈（3.33m）	0.9丈（3m）	0.8丈（2.66m）	0.7丈（2.33m）
功能	主窑室	主窑室或次窑室	次窑室或晚辈居住或厨房	大门或厕所

（2）地坑窑大门的形式

通过对72个地坑窑的调查，发现地坑窑的大门有四种形式：直入式、折入式、曲线式和“Z”字形式（图3-11）。直入式便于进入，无障碍，特别适用于畜牧业和生产业。但这种门比较长，占地面积比较大，不适合坑窑集中的地方。折入式有两部分，一部分是坑室，另一部分是坡道，占地面积小。但它的斜率一般都很大。曲线式门口结构简单，坡度小，进出方便，分布面积最大。门口通过院子里的一个洞穿过斜坡和室外的地面连接起来。入口处的下沉斜坡一般宽1.3～2m，有些斜坡也被设计成台阶，这些台阶在平面上大部分是弯曲的或打折的，以避免斜坡的起点离矿坑庭院太远。在坡道的底部，设置了一个拱形的庭院大门，门的开口一般2m高、1.2m宽。值得注意的是，大多数入口都在角落，而不是连接到地坑庭院中间的，因此它被认为能够有效地利用庭院的中间空间，并能从外面进行隐私保护。另外，堪舆学认为院门就是气门，所以门的位置非常重要。在调查中发现，所有的坑窑都非常重视门口的位置，它通常被安排在主窑的对面。

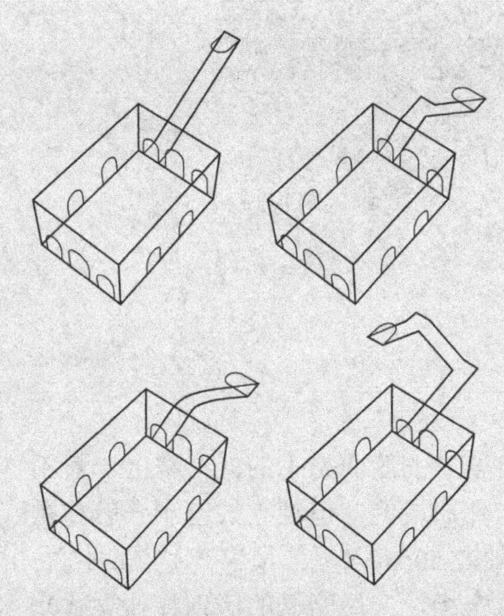

图3-11 地坑窑大门的形式

3.3 独立式窑洞的建筑特征

根据不同的拱形材料，独立式窑洞可分为土窑、砖窑和石窑三种类型。土窑主要分布在经济贫困地区，石窑主要分布在岩石多的地区，砖窑主要分布在经济繁荣地区。这次调查的独立式窑洞位于禹州的魏井村和天硐村，共有36座，全部是石窑。

3.3.1 独立式窑洞的结构形式

独立式窑洞的主要建筑结构包括基础、窑腿、拱门、窑顶、窑面、窑掌、窑檐（也称为马栏）、女儿墙（也称为睫毛）等（图3-12）。基础是地平线以下独立式窑洞住宅的结构部分，主要承受与传统木结构不同的上部荷载。该建筑以拱门和窑腿作为承重框架，类似于欧洲中世纪建筑的承重方法。整个建筑是一个完整的承重实体，紧闭，稳定可靠，窑腿结构耐用。与地坑窑相比，独立式窑洞有明显的差异，例如，它需要一个人工地基，洞穴腿的宽度略窄。

图3-12 独立式窑洞的结构

窑洞背部与窑面正对的窑墙称为窑掌，窑掌的墙面是平的，窑掌上一般不开窗，目的是保温隔热。地坑窑的屋顶是自然形成的，但独立式窑洞一般在拱形建成后开始被土覆盖，覆盖层的厚度一般在50cm以上，最高可达2m左右，覆土的厚度会影响洞穴的热工性能。与地坑窑相比，最明显的区别是独立式窑洞覆盖面较薄，它的窑顶一般都是简单地用泥土夯实，然后使窑顶上形成一个斜坡，以利于雨水的排放。为了保持窑顶土壤结构的稳定性，窑顶覆土部分一般不用于耕作，窑顶也不可设置厕所和畜牧用房，仅有时可用于晾晒谷物。为了提高屋顶的稳定性，可以种植一些浅根灌木，既可以吸收水分，又可以防止水土流失。

窑腿上方的整个拱形空间结构称为拱。拱的宽度一般与窑面的宽度相同。拱的高度一般在1.5m左右，宽度约为3m。独立式窑洞的拱有单心拱、双心拱、三心拱三种类型（图3-13）。

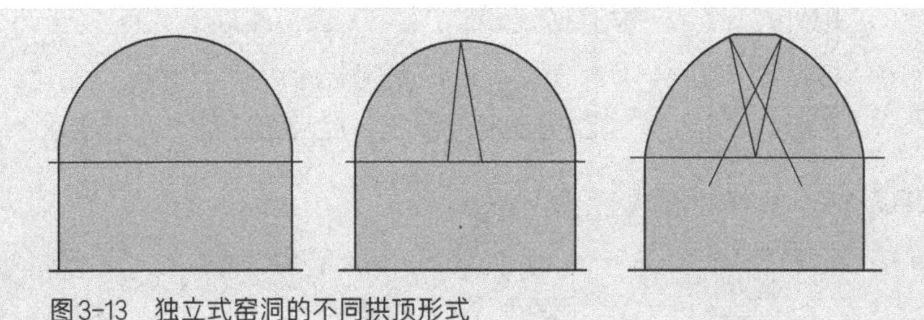

图3-13 独立式窑洞的不同拱顶形式

单心拱的立面只有一个中心，而双心拱的立面由两个半径相同、中心不同的弧组成，使拱形更加合理、稳定，三心拱是由两个半径相同、中心不同的1/4拱相交而成，然后刻上一个小圆。单心拱曲线易于形成，施工方便，应用范围广泛，双心拱和三心拱曲线形成不方便，应用较少。

3.3.2 独立式窑洞的建筑布局形式

独立式窑洞的庭院由主屋、侧屋、倒座房等建筑单元组成（图3-14），这些是庭院式住宅的基本空间单元。主屋一般采用洞穴形式，侧屋和倒座房多采用砌体梁柱，较少使用洞穴。独立式窑洞的平面相似，一般为矩形。窑洞的数目是中国传统的形式：多为单数，较少为偶数。从调查情况看，独立式窑洞的窑室孔数目几乎都是奇数，多为三个或五个。当庭院的规模很大时，有时会有七个以上的孔洞。中间的窑室叫做中窑，是老人的卧室，另外两边是供储藏或孩子们居住的地方。在窑腿上经常打开一个券孔，用于祭祀、礼拜或存放物品。

独立的窑洞通常以庭院为中心，四合院大门、反向布置的房屋、主屋、侧屋各侧设置，形成一个家庭生活空间，庭院朝南，中轴线清晰。庭院提供了一个安静和舒适的私人空间，可以承受不利的自然环境，它是室内活动空间的延伸，在物质和精神层面上深刻影响着窑洞的形成和发展。在院子的布局方面，根据不同的经济水平和生活习惯，有单排屋、二合院、三合院、四合院（图3-14）。此外，由于家庭需要，也形成了前后串联、左右平行的大型组合式庭院（图3-15）。独立式窑洞类型的统计数据见表3-8。

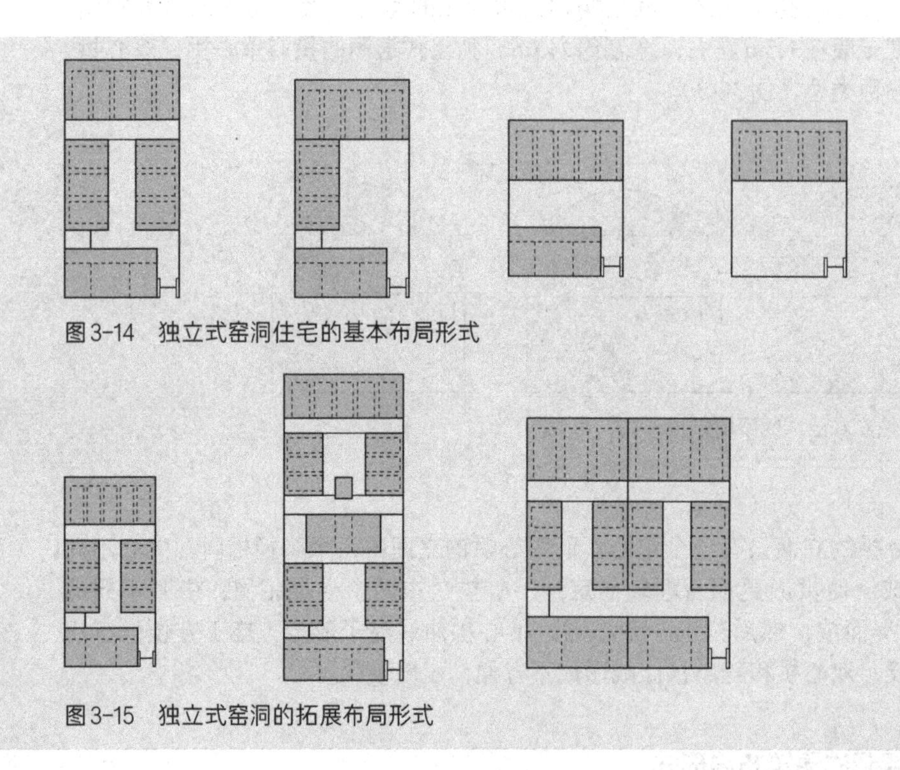
图3-14　独立式窑洞住宅的基本布局形式

图3-15　独立式窑洞的拓展布局形式

表3-8　独立式窑洞类型调研结果

种类	数量（占比/%）
单排屋	13（36.1%）
二合院	15（41.7%）
三合院	4（11.1%）
四合院	2（5.6%）
组合式院落（横组合）	1（2.8%）
组合式院落（纵组合）	1（2.8%）
合计	36（100%）

（1）独立式窑洞的开放式院落（单排屋）

只有一排几个窑室，院子的其余三面被院墙围起来，形成一排房子。这种窑洞的核心是单体建筑，庭院用于种庄稼、堆放杂物、饲养牲畜。这种单排窑的窑洞数目多为奇数，有三个、五个、七个。中间的洞叫做中窑，是主要的居住空间，两侧用作厨房或临时储藏室。

（2）独立式窑洞的二合院

如果两侧有建筑和院墙，就形成了一个二合院，其大多是“L”形的院落，由一个主屋和一个侧屋组成，但也有二合院由一个主屋的一部分和一个倒置的房子组成。二合院的主屋仍然是主人最重要的居住空间，用于会客、用餐，而院子里的侧屋只起辅助作用。

（3）独立式窑洞的三合院

三合院的平面呈“U”形，多数由一个主屋、一个侧屋和一个倒置的房子组成，少数由一个主屋和两边的两个侧屋组成。三合院本质上是一个规则的布局，通常有一个轴线，但它比四合院更简单灵活，布局可以根据实际需要进行调整，同时也增加了庭院的渗透性。

（4）独立式窑洞的四合院

独立式窑洞的四合院与其他地区的传统四合院没有什么不同，它包括一个主要的房子、侧房和反向设置的房子（倒座）。它的规模大于其他类型的院落形式，往往为中心轴对称的布局形式。在这种布局中，主屋是整个庭院的中心和主体，层次最高，东西两侧的房子在建筑层次上仅次于主屋，而反向设置的房子最低，与主屋相对，位于中轴线的末端。

（5）独立式窑洞的组合式院

由于独立式窑洞住宅庭院的灵活性，有时不仅限于一个庭院，而是以“庭院”为基本单元，横向或纵向延伸，形成一组严格规划的大型模块化庭院。在模块化庭院中通常有两种情况，即水平连接和垂直连接。水平发展的模块化庭院并列存在，通常对称，共享庭院墙，每个庭院有自己的中心轴线，其庭院门位于同一侧或由小门分开。垂直发展的模块化庭院通常被称为二进庭院或三进庭院，庭院沿中轴线垂直对称地连接。

3.3.3 独立式窑洞的立面形式

（1）门与窗

窗户是窑洞立面的重要组成部分。由于经济基础不同，门窗的形式也不同，类型有以下四种。

① 单门无窗。单门无窗是指窑面只有一个门作为通风孔，没有采光窗。

这种窑洞的采光很差，通常只能依靠门洞采光。这种窑洞的主要功能往往是作为大厅或储藏室，一般没有居住功能。

② 无门单窗。所谓无门单窗窑洞，主要是无门的单洞窑洞，只有一扇采光窗，一般见于内部空间丰富的独立式窑洞群体中。一般来说，几个洞穴住宅是相互联通的，只有中间的窑洞开了门，其他窑洞只有窗户。

③ 独立式门与窗。这种门窗形式比较简单。一般来说，在窑面完成后，规划门窗的位置，然后开始在窗户下面建墙。窗户下面的墙完成后，安装预制门框、门槛等，然后安装门窗。由于窑洞只有一个外立面，采光和通风对窑洞的生活环境尤为重要，因此这种门窗的上部为一个通风窗，它可开可关，在通风窗的上部还有一个通风孔，始终打开，以保证最基本的室内通风要求。

④ 门窗相连。这是一种常见的门窗形式，门窗相互连接，几乎覆盖了整个窑面。这种安排可以最大限度地接收阳光，以获得足够的光照，这种类型通常用于中窑，以显示它在整个建筑中的地位。

（2）窑檐与女儿墙

独立式窑洞屋的屋檐主要是为了防止雨水打湿窑面而设置的。同时，宽阔的屋檐也可以在窑前创造一个灰色空间。独立式窑洞的屋顶可供人们参观，女儿墙的设计主要是为了防止人和碎片从屋顶上掉下来。这种窑檐是在土壤覆盖基本完成后，在穹顶顶部插入青石板，然后用砖或土坯在上面建造而成的。这种屋檐是最简单的处理方式，成本最低，只能满足最低的使用要求。这种形式常用于经济实力不足的地区。独立式窑洞的护栏是由蓝色砖块构成的，与窑洞顶部连接的部分有一个简单的悬挑。上半部分由不同图案的蓝砖块构成，高度约两层半（图3-16）。

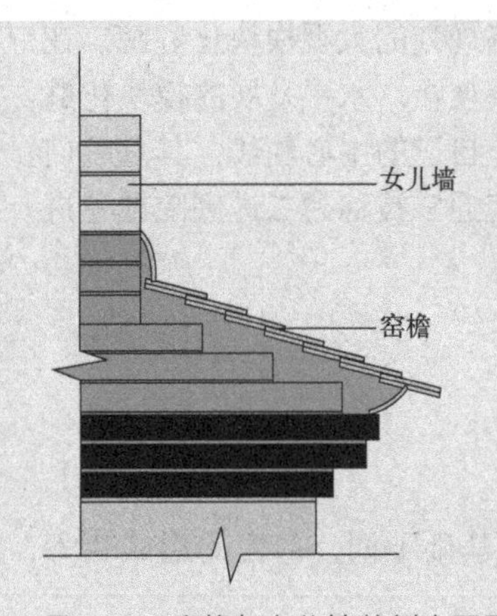

图3-16　窑檐与女儿墙的侧立面图

3.4 砖石建筑的建筑特征

砖石建筑的特征是使用石头或砖建造墙壁，在平屋顶或倾斜屋顶覆盖瓦片。这次调查的砖石房位于禹州市的浅井村和神垕村，共有31座建筑。

3.4.1 建筑结构形式

建筑立面可以直接反映建筑物的地上层数、屋顶形式和梁结构。整体而言，砖石建筑的地上层数以单层及双层为主。由于地处山区，场地面积小，豫西地区的砖石建筑一般没有柱子，梁直接放在前后墙上，所以深度不大。建筑物的深度一般为4~7m。砖石结构房屋有两种屋顶形式，即平顶和坡顶。

① 平顶。平顶是砖石建筑中常见的屋顶形式，其梁架形式相对简单。虽然平屋顶没有屋脊，屋顶也不是绝对水平的，而是呈弧形，中间逐渐向两侧下降，便于排水（图3-17）。这种形式类似于独立式窑洞的屋顶形式。平屋顶按其表面材料的不同可分为三种类型：黄土屋面、矿渣屋面和水泥屋面。

② 坡顶。坡顶是砖石建筑的另一种主要屋面形式。像平顶一样，房间里通常没有柱子，横梁直接放置在房子的前后墙上，梁通过桁梁和椽支撑屋面荷载。局部坡屋顶的梁大多采用传统的梁的升降形式（图3-18），基本上是一个双坡，用灰色的瓦片覆盖。

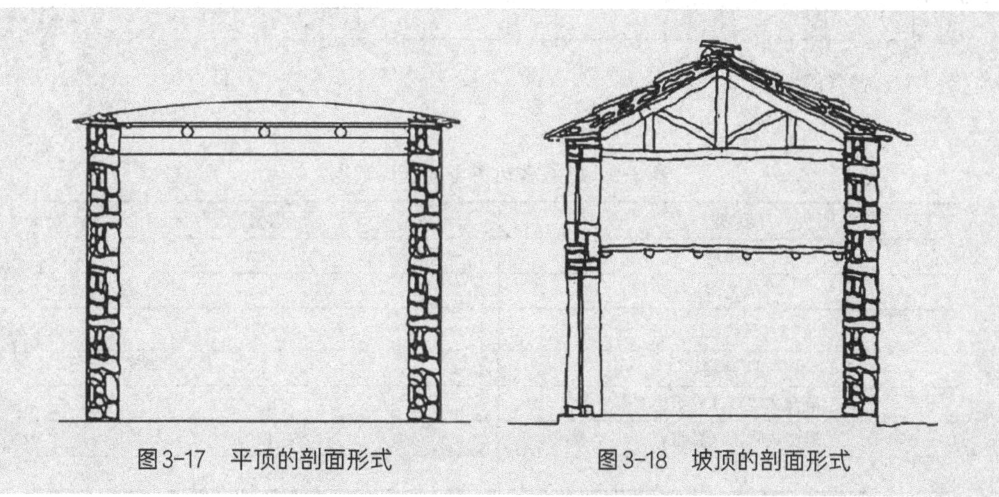

图3-17　平顶的剖面形式　　图3-18　坡顶的剖面形式

3.4.2 建筑布局形式

砖石建筑的庭院形式包括开放式庭院（也称单排庭院）、二合院、三合院、四合院（图3-19）。只有两面被房子围起来的院落叫二合院，三面被房子围起来的院落叫三合院，四面都被房子围起来的院落叫四合院。除了上述的合院形式外，还有一种房子是被石墙或围栏包围的，它的庭院空间相对较小，平面形式随地形而变化，多是不规则的形状，称为开放式庭院。砖石建筑类型的统计数据见表3-9。

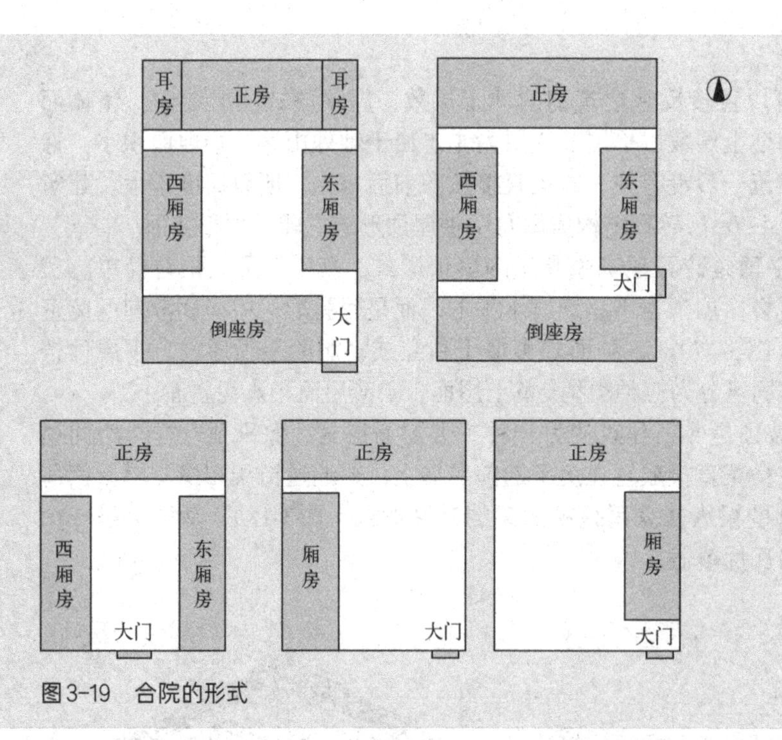

图3-19 合院的形式

表3-9 砖石建筑类型的统计数据

种类	数量
单排房	—
二合院	8
三合院	7
四合院	3
组合式院落（横组合）	—
组合式院落（纵组合）	13
合计	31

三合院和四合院都有明显的中轴线，主屋以中轴线为中心，两侧的侧屋对称布置。一般来说，主屋的底部最高，其次是侧屋，倒座房的底部最低。为了使主屋获得尽可能多的阳光，大部分主屋都是坐北朝南或者南向稍微朝东设置。

（1）砖石建筑的开放式院落

开放式庭院是一种比较常见的庭院形式。它是指一个由石墙和围栏围起来的庭院，除了围墙外，主屋两侧没有侧室。

（2）砖石建筑的二合院

二合院是在开放式庭院的基础上发展起来的，其有两种组合形式，一种是由一个主室和一个侧室组成“L”形，另一种是由一个主室和反向设置的倒座房组成的。

（3）砖石建筑的三合院

三合院的布局大多是受经济条件和地形条件的影响而形成的。如果普通家庭不具备建设四合院的经济实力，或者囿于山地宅基地的面积，就会建造三面围合的院落，即三合院。三合院的主屋大多为一至三个房间，两侧设置房屋。

（4）砖石建筑的四合院

四合院是一种比较常见的布局形式，由主屋、两侧的侧屋和反置的房屋（倒座）围合而成。

3.4.3 单个建筑形式

建筑物的平面有两种尺寸，分别是宽度和深度。两个梁之间的空间称为间（图3-20）。大多数单体砖石建筑都是由几个建筑物沿着立面的宽度组成的。平面形状一般是长方形。

（1）主屋

砖石建筑的主屋一般有一至五个房间，其中三个房间的建筑类型最为常

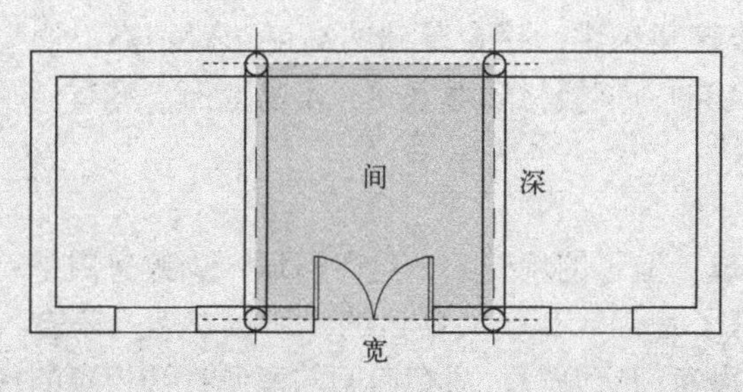

图3-20 间的形式

见。房间的大小没有严格的限制，一般3～3.5m。一般来说，中间房间的大小要稍大一些，两边房间的大小相同，也有所有房间大小都相同的情况。三室住宅建筑一般具有中轴对称性，大门位于中心，左右两边都有窗户，中间的叫做明间，左右两边的叫做次间。室内空间可根据功能需要用墙壁隔开。

主屋的明间是用于家庭成员聚会、会见客人、庆祝的客厅，是一个公共空间。左边的卧室和右边的卧室是老人的卧室，这里更多属于私人房间。主屋是庭院中地位最高的建筑，为了体现它的地位，主屋的地基用青石铺成，并升起三到五级台阶。

（2）侧屋

通常建在主屋的两侧，供孩子们居住。侧屋的建筑形式与主屋相似，规模仅次于主屋，多为一到两个房间，房子的高度和深度都比主屋小。

（3）倒座

通常与大门相连，毗邻街道而反向布置。它的立面相对简单，装饰较少，一般不面向街道开窗。可用于储存东西或作为客厅，大多数有一至两个房间。

（4）辅助房

指住宅建筑中满足人类日常生活需要的其他功能性房屋，包括烹饪空间、厕所、仓库和牲畜棚。烹饪空间主要有两种形式，一种是与生活住宅相结合，另一种是在院子里的主屋和侧屋之间的空地上建造辅助房间用于烹饪。卫生间一般位于庭院的西南角，与储物空间相连。

3.4.4 建筑立面形式

（1）基础

高层平台基础不易给人亲切感，室内外通行不方便，因此一般住宅平台基础小而简单。许多房屋的地基只比户外地面高一点点，地基的高度只有几厘米，甚至有些房子没有地基，直接在坚硬的地面上建墙。在许多普通的住宅庭院中，主屋的底部和侧屋的高度几乎相同，只有在少数几个大的家庭庭院里，主屋的底部比侧屋稍高一些。在传统建筑中，平台基础的高度一般不高，约0.3m，是用豫西盛产的红色板砖砌成的，该板材质地坚硬，不易变形，具有良好的防水防潮性能。

（2）房身

房屋主体由墙壁、门和窗户组成。房子的墙壁大多是砖石墙，少数房屋是土石混合墙或砖石混合墙。因为房子是用砖和石头建造的，所以在墙身不会开太多的窗户。房子的侧面和后面没有门窗开口，只在向阳的南侧打开相应的门和窗户。无论是单层住宅还是双层住宅，当地的石砌房屋大多是三间房。墙壁、门和窗户的原材料都是从当地采购的，未经装饰的石砌墙与山区环境融为一体，所以具有强烈的地域特征和浓厚的乡土气息，给人们一种简单而沉重的感觉。

（3）门窗

门窗的形式直接反映了人们的身份与地位。门窗都是木制的，其上设置的过梁一般分为三种类型：第一种是石拱形过梁；第二种是石过梁，就是在窗户上放置一块石头来承受整个墙体的重量，所以窗户的形式更加灵活；第三种是木过梁，形式比较简单，是将一块木头放在窗户上面，使其承受墙体的重量。

4

乡土建筑的尺寸与空间句法分析

4.1 乡土建筑的尺寸分析

4.2 乡土建筑的空间句法分析

本研究从建筑规模和建筑空间两方面分析了乡土建筑的特点，分析内容包括两类，一类是比较8孔窑、10孔窑和12孔窑三种不同窑型的地坑窑洞，另一类是比较地坑窑、独立式窑洞和砖石结构三种民居建筑。建筑规模分析包括三个部分：一是建筑的总长度、宽度、面积和长宽比（也称为纵横比，即*W*/*D*）的比较分析；二是建筑庭院的长度、宽度、面积和长宽比的比较分析；三是主要房间的比较。分析是基于表3-1中的调查数据。建筑空间分析是运用空间句法的方法，从定量的角度对建筑空间关系进行比较分析，它包括三个部分：一是比较分析整个建筑的连接度、控制度、集成度和平均深度值；二是对庭院的连接度、控制度、集合度和平均深度值进行比较分析；三是对主体空间的连接度、控制度、集合度和平均深度值进行比较分析。所有基础数据见附录1～附录4。

4.1 乡土建筑的尺寸分析

4.1.1 整体建筑的尺寸分析

（1）地坑窑的尺寸分析

分析结果如表4-1所示。三种地坑窑的宽度、深度和面积的显著性水平分别为0.003、0.001和0.000，均小于0.01，说明三种地坑窑在这三个指标上存在显著差异。它们的纵横比（W_1/D_1）值的显著性水平是0.107，大于0.01，所以它们在纵横比上没有显著差异。地坑窑的宽度是指窑门一侧的长度，窑的深度是与窑门垂直的长度。在地坑窑的布局中，门口对应主窑房，因此主窑房的位置决定了坑窑的宽度和深度。

三类窑洞中，所有12孔窑的主窑一侧都是布置3孔窑室，10孔窑和8孔窑的主窑以3孔窑室为主，只有很少部分是1孔和2孔窑室。窑洞的宽度值为（窑室孔数×窑室宽+窑室孔数×窑间距）。从统计结果看，8孔窑和10孔窑之间不具有显著的差异性，10孔窑和12孔窑之间不具有显著的差异性，但是8孔窑和12孔窑之间具有显著的差异性。其中，12孔窑的宽度最大，是30.59m，其次是8孔窑，28.31m，10孔窑最小，是27.42m。可以看到，地坑窑的宽度并不是与窑洞的孔数一定成正比的，它们在统计学上呈现的差异也不是很大，这主要是因为，无论是12孔地坑窑、10孔地坑窑，还是8孔地坑窑，在主窑一侧一般都布置3孔窑室，所以它们的宽度差别不大。

三类窑洞的深度因窑室的数目不同而有明显差距。12孔地坑窑的深度＝（3×窑室宽+2×窑间距+2×窑室深度），10孔地坑窑的深度＝［（2～3）×窑室宽+（1～2）×窑间距+2×窑室深度]，8孔地坑窑的深度＝[(1～2)×窑室宽+（1～2）×窑间距+2×窑室深度]。从统计结果看，8孔窑和10孔窑之间不具有显著的差异，但它们和12孔窑之间具有显著的差异。其中，12孔窑的深度最大，是30.33m；其次是10孔窑，是28.17m；8孔窑最小，是26.09m。由此可以看出地坑窑的深度与窑洞的孔数具有正相关性。

三类窑洞的纵横比（W_1/D_1）不具有显著的差异。从宽度和深度的统计中可以看到，12孔窑的值都是最大的，10孔窑和8孔窑之间不具有显著的差异性，它们的值都小于12孔窑。W_1/D_1的值从大到小的顺序依次是8孔窑的1.09、12孔窑的1.01、10孔窑的0.98。它们的比值都接近1，说明所有地坑窑的建筑平面都是接近正方形的形态。

三类窑洞中，8孔窑和10孔窑的面积之间不具有显著的差异，而它们与12孔窑之间存在显著差异。12孔窑庭院面积的平均值最大,为934.49m²，10孔窑庭院面积的平均值是775.83m²，8孔窑庭院面积的平均值最小，为739.25m²。

表4-1　三类地坑窑尺寸的比较

尺寸类型	地坑窑类型	数量	平均值（方差）
宽（W_1）/m	8孔式地坑窑	10	28.3120（2.6655）①②
	10孔式地坑窑	32	27.4225（3.8718）①
	12孔式地坑窑	30	30.5927（3.54102）②
	总数	72	28.8669（3.8483）
	F值	6.155（P=0.003）	
深（D_1）/m	8孔式地坑窑	10	26.0890（2.4502）①
	10孔式地坑窑	32	28.1738（3.4429）①
	12孔式地坑窑	30	30.3337（3.1952）②
	总数	72	28.7842（3.5088）
	F值	7.529（P=0.001）	
纵横比（W_1/D_1）	8孔式地坑窑	10	1.0942（0.15043）
	10孔式地坑窑	32	0.9847（0.1646）
	12孔式地坑窑	30	1.0122（0.1059）
	总数	72	1.0113（0.1434）
	F值	2.304（P=0.107）	
面积（$W_1 \times D_1$）/m²	8孔式地坑窑	10	739.2479（105.4698）①
	10孔式地坑窑	32	775.8250（164.05897）①
	12孔式地坑窑	30	934.4898（189.96170）②
	总数	72	836.8552（186.94754）
	F值	8.715（P=0.000）	

①,②,③显示Duncan检测。

（2）地坑窑、独立式窑洞、砖石建筑的总体尺寸分析

由表4-2可知，三种建筑的宽度、深度、纵横比和面积的显著性水平均是0.000，小于0.01，表示三种建筑在这四个指标上都具有显著差异性。

从建筑平面组合的角度看，地坑窑是以一个庭院为核心的四面围合式建筑，独立式窑洞有敞开式、二合院、三合院、四合院和组合式五种形式，砖石建筑也有敞开式、二合院、三合院、四合院和组合式五种形式。这三类建筑都是以庭院为中心而形成的围合式的建筑形式。庭院的四周是由不同的建筑形式、不同的建筑材料组成的建筑。

地坑窑的宽度＝（庭院宽度+2×窑室深度），独立式窑室的宽度＝（庭院宽度+2×厢房进深），砖石建筑的宽度＝（庭院宽度+2×厢房进深）。从统计结果看，三种建筑的庭院的宽度差别不大，所以它们建筑的总宽度就取决于四周建筑的深度，其中地坑窑窑室的平均深度最大，砖石建筑房间的进深最小。从统计结果看，地坑窑的宽度最大，是28.87m，其次是独立式窑洞，是14.06m，砖石建筑的宽度最小，是12.31m。

地坑窑属于四面围合式建筑，而独立式窑洞的主房是窑室，厢房和倒座多是砖石构造，所以它的进深明显要小于地坑窑。对于砖石类建筑，从调研结果看，有13个是纵向组合式建筑，加大了总体进深的平均值。地坑窑和砖石建筑的进深差异不大，而它们与独立式窑洞的进深则有明显的差异。其中，砖石建筑的平均深度最大，30.00m，其次是地坑窑，平均深度是28.78m，独立式窑洞的深度最小，平均18.86m。

统计结果显示，三类建筑的纵横比（W_1/D_1）具有显著的差异。地坑窑的平面均接近正方形，所以它们的平均纵横比为1.01。独立式窑洞的平均纵横比为0.75，砖石建筑的平均纵横比为0.48，这两类建筑都呈现为矩形的空间形态。

三类建筑中，地坑窑的面积平均值最大，为836.86m^2，其次是砖石建筑的面积平均值，为373.36m^2，独立式窑洞的面积平均值最小，为274.94m^2。

表4-2　三类乡土建筑尺寸的比较

尺寸类型	建筑类型	数量	平均值（方差）
宽（W_1）/m	地坑窑	72	28.8669（3.8483）③
	独立式窑洞	36	14.0575（3.5796）②
	砖石建筑	31	12.3061（2.9269）①
	总数	139	21.3380（8.6289）
	F值	329.686（P=0.000）	
深（D_1）/m	地坑窑	72	28.7842（3.5088）②
	独立式窑洞	36	18.8583（3.7822）①
	砖石建筑	31	30.0019（13.3572）②

续表

尺寸类型	建筑类型	数量	平均值（方差）
深（D_1）/m	总数	139	26.4850（8.3342）
	F值	28.889（P=0.000）	
纵横比（W_1/D_1）	地坑窑	72	1.0113（0.1434）③
	独立式窑洞	36	0.7496（0.1303）②
	砖石建筑	31	0.4776（0.2083）①
	总数	139	0.8245（0.2665）
	F值	130.522（P=0.000）	
面积（$W_1 \times D_1$）/m^2	地坑窑	72	836.8552（186.9475）②
	独立式窑洞	36	274.9393（151.0052）①
	砖石建筑	31	373.3569（189.2257）③
	总数	139	587.9529（315.8728）
	F值	147.058（P=0.000）	

①,②,③显示Duncan检测。

4.1.2 院落的尺寸分析

(1) 三种地坑窑院落尺寸分析

从分析结果看（表4-3），三种地坑窑院落的宽度和纵横比的显著水平分别是0.071和0.082，均大于0.01，表示三种地坑窑院落在这两个指标上不具有显著性差异。而它们的深度和面积的显著性水平分别是0.001和0.000，都小于0.01，说明三种地坑窑院落在深度和面积上具有显著差异。

地坑窑院落的宽是指门洞一侧崖面的长度，地坑窑院落的深度是与门洞垂直一侧崖面的长度。在地坑窑的平面布置中，门洞与主窑室相对而布置。

三类地坑窑中，它们的宽度的方向基本都是布置3孔窑室，所以在宽度上变化不大，从统计结果看，三类窑洞的院落宽度差异很小。其中，12孔地坑窑院落的宽度平均值最大，是13.21m，其次是8孔地坑窑的院落，是12.84m，10孔地坑窑院落的最小，是11.90m。由此可以看到，地坑窑院落的宽度并不与窑洞的孔数呈正相关。

因为主窑洞两侧布置的窑室的数目差距明显，所以三类窑洞院落在深度上还是存在差异的。12孔地坑窑的主窑两侧各有3个窑室，10孔地坑窑的主窑两侧一般布置2～3个窑室，8孔地坑窑的主窑两侧一般布置1～2个窑室。从统计结果看，8孔窑洞、10孔窑洞之间不具有显著的差异，但它们和12孔窑洞之间具有显著的差异。其中，12孔地坑窑院落的平均深度最大，是13.92m，其次是10孔地坑窑的院落，11.67m，8孔地坑窑院落的最小，是10.97m。由此可以看到，地坑院落的深度与窑洞的孔数呈正相关。

从统计结果看，三类窑洞院落的纵横比不具有显著的差异。从大到小的顺序依次为：8孔地坑窑院落的平均纵横比是1.21，10孔地坑窑院落的平均纵横比是1.05，12孔地坑窑院落的平均纵横比是0.99。从形状上看，8孔地坑窑的院落呈矩形，10孔和12孔地坑窑的院落接近正方形。

三类窑洞中，8孔地坑窑和10孔地坑窑院落的面积之间不具有显著的差异，而它们与12孔地坑窑院落之间存在显著差异。12孔窑洞庭院的面积平均值最大，为183.67m^2，8孔窑洞庭院面积平均值是142.50m^2，10孔窑洞庭院的面积平均值最小，为139.59m^2。

表4-3　三种地坑窑院落尺寸的比较

尺寸类型	地坑窑类型	数量	平均值（方差）
宽（W_2）/m	8孔式地坑窑	10	12.8400（2.16495）
	10孔式地坑窑	32	11.9019（2.47600）
	12孔式地坑窑	30	13.2137（1.97329）
	总数	72	12.5788（2.29080）
	F值	2.743（P=0.071）	
深（D_2）/m	8孔式地坑窑	10	10.9690（2.46868）①
	10孔式地坑窑	32	11.6744（2.28363）①
	12孔式地坑窑	30	13.9253（2.87278）②
	总数	72	12.5143（2.81353）
	F值	8.036（P=0.001）	
纵横比（W_2/D_2）	8孔式地坑窑	10	1.206（0.255）②
	10孔式地坑窑	32	1.050（0.284）①②
	12孔式地坑窑	30	0.987（0.244）①
	总数	72	1.047（0.270）
	F值	2.588（P=0.082）	
面积（$W_2 \times D_2$）/m^2	8孔式地坑窑	10	142.500（46.838）①
	10孔式地坑窑	32	139.586（40.032）①
	12孔式地坑窑	30	183.671（46.026）②
	总数	72	158.359（48.042）
	F值	8.704（P=0.000）	

①,②显示Duncan检测。

（2）地坑窑、独立式窑洞、砖石建筑院落尺寸分析

从分析结果看（表4-4），三类建筑院落的深度、纵横比和面积的显著性水平均是0.000，小于0.01，表示三类建筑院落在这三个指标上都具有显著差异，而三类建筑院落宽度的显著水平是0.057，大于0.01，说明这三类建筑的宽度没有显著差异。

从建筑平面组合的角度看，这三类建筑都是以院落为中心组成的，院落不但连接各个房间，也是人们重要的活动场所。地坑窑的院落四面围合，独立式窑洞和砖石建筑院落的围合形式相对丰富。

从统计结果看，三类建筑庭院的宽度相近，差别不明显，其中独立式窑洞庭院的平均宽度是13.28m，地坑窑庭院的宽度是12.58m，砖石建筑庭院的最小，是11.45m。

在进深上，地坑窑庭院和独立式窑洞庭院之间不具有显著的差异，它们与砖石建筑的庭院差异显著。从统计结果看，砖石建筑庭院的进深最大，是25.83m，其次是地坑窑庭院的进深，是12.51m，独立式窑洞庭院的最小，是11.21m。这与调研案例中，砖石建筑中纵向组合式建筑数量较多有很大关系。

地坑窑庭院的平均纵横比为1.05，接近正方形，与建筑总平面的形态相一致。独立式窑洞的平均纵横比是1.28，砖石建筑的平均纵横比是0.53，这两类建筑庭院都呈矩形的空间形态。

三类建筑中，地坑窑和独立式窑洞的庭院面积没有显著的差异，它们与砖石建筑庭院的面积差异显著。其中砖石建筑庭院面积平均值最大，为307.40m^2，其次是地坑窑庭院的面积，为158.36m^2，独立式窑洞庭院的面积平均值最小，为156.12m^2。

表4-4　三种乡土建筑庭院尺寸的比较

尺寸类型	建筑类型	数量	平均值（方差）
宽（W_2）/m	地坑窑	72	12.5788（2.290）
	独立式窑洞	36	13.2847（3.830）
	砖石建筑	31	11.4490（3.799）
	总数	139	12.5096（3.157）
	F值	2.930（P=0.057）	
深（D_2）/m	地坑窑	72	12.5143（2.813）①
	独立式窑洞	36	11.2108（3.808）①
	砖石建筑	31	25.8265（12.841）②
	总数	139	15.1456（8.767）
	F值	51.903（P=0.000）	

续表

尺寸类型	建筑类型	数量	平均值（方差）
纵横比（W_2/D_2）	地坑窑	72	1.047（0.271）②
	独立式窑洞	36	1.278（0.409）③
	砖石建筑	31	0.531（0.262）①
	总数	139	0.992（0.407）
	F值	50.352（P=0.000）	
面积（$W_2 \times D_2$）/m^2	地坑窑	72	158.359（48.042）①
	独立式窑洞	36	156.123（97.976）①
	砖石建筑	31	307.398（185.541）②
	总数	139	191.019（122.566）
	F值	23.981（P=0.000）	

①,②,③显示Duncan检测。

4.1.3 主房的尺寸分析

（1）地坑窑主窑室的尺寸分析

从分析结果可知（表4-5），三种窑洞主窑室的宽、深、纵横比和面积的显著性水平分别是0.882、0.089、0.141和0.142，均大于0.01，表示三类主窑室在这四个指标上都不具有显著差异。这说明窑室的尺寸并不和窑洞的孔数有关系，每类地坑窑的窑室基本相同。

三类地坑窑主窑室的宽度平均值在3m左右，深度多在8m左右，10孔式地坑窑宽度平均9.27m，纵横比在1/3左右，主窑室的面积在23～28m^2之间。

表4-5　三种地坑窑主窑室尺寸的比较

尺寸类型	地坑窑类型	数量	平均值（方差）
宽（W_3）/m	8孔式地坑窑	10	3.0010（0.1948）
	10孔式地坑窑	32	2.9634（0.1425）
	12孔式地坑窑	30	2.9747（0.2621）
	总数	72	2.9733（0.2047）
	F值	0.126（P=0.882）	
深（D_3）/m	8孔式地坑窑	10	7.9120（1.6172）
	10孔式地坑窑	32	9.2734（1.9321）
	12孔式地坑窑	30	8.7053（1.5425）
	总数	72	8.8476（1.7740）
	F值	2.512（P=0.089）	

续表

尺寸类型	地坑窑类型	数量	平均值（方差）
纵横比（W_3/D_3）	8孔式地坑窑	10	0.3993（0.1135）
	10孔式地坑窑	32	0.3339（0.0764）
	12孔式地坑窑	30	0.3562（0.09729）
	总数	72	0.3523（0.09232）
	F值	2.018（P=0.141）	
面积（$W_3 \times D_3$）/m^2	8孔式地坑窑	10	23.7200（4.9759）
	10孔式地坑窑	32	27.5752（6.3332）
	12孔式地坑窑	30	25.8466（4.8331）
	总数	72	26.3195（5.6523）
	F值	2.008（P=0.142）	

（2）地坑窑、独立式窑洞、砖石建筑主房的尺寸分析

由表4-6可知，三种建筑主窑室（主房）的宽、深、纵横比和面积的显著性水平均是0.000，小于0.01，表示三种建筑的主房在这四个指标上都具有显著的差异。

地坑窑主窑的建筑材料是黄土，窑室是在侧立的崖面上挖出的拱形空间，虽然黄土具有较好的黏性，但是利用天然黄土挖出的拱的宽度是有限的。独立式窑洞的窑室是利用人工的石头、砖或黄土建造的人工窑洞，本次调研的独立式窑洞全部是由石头材料建造的，它的券拱结构与哥特式建筑或中世纪的建筑构架相似，欧洲建筑的拱形结构的宽度会比较大，可以达到10m以上。砖石建筑的建筑结构属于梁架结构，它以间为单位，一栋主房是由若干间组成的，所以砖石建筑主房宽度就会大大增加。根据调研结果，砖石建筑主房的平均宽度最大，为9.23m，其次是独立式窑洞主窑的宽度，平均4.09m，地坑窑主窑的宽度最小，平均2.97m。

地坑窑的主窑虽然在宽度上受到限制，但是在进深上则完全没有限制，所以从调研的情况看，地坑窑主窑最深可以达到14m，相对独立式窑洞的进深具有明显优势，但是由于人工费用和采光的限制，这两种类型的窑洞的进深受到了一定的制约。砖石建筑结构属于木制的梁架式构造，进深长度受到木材长短的限制。从统计结果看，三种建筑主房的进深具有差异性，地坑窑主窑进深最大，平均8.85m，其次是独立式窑洞的主窑，为7.09m，砖石建筑主房的进深最小，平均5.17m。

从统计结果看，三类建筑主房的纵横比差异比较显著，地坑窑主窑的平均

纵横比为0.35，独立式窑洞主窑的平均纵横比是0.63，砖石建筑的平均纵横比是1.87。地坑窑的主窑呈现明显的纵深性，而砖石建筑的主房则呈现明显的横长性。

无论是地坑窑还是独立式窑洞，都具有小宽度、大进深的特征。所以从统计结果看，地坑窑的主窑和独立式窑洞的主窑在面积上不具有显著的差异。而砖石建筑的结构则是木构件的梁架结构，它具有大宽度的特点，由于受木头长度所限，所以它的深度往往不是很大。

地坑窑和独立式窑洞的主窑面积与砖石建筑的主房面积之间具有明显的差异。砖石建筑的平均主房面积最大，为45.40m²；其次是独立式窑洞的平均主窑面积，为27.78m²；地坑窑主窑的平均面积最小，为26.32m²。

表4-6　三种乡土建筑主房尺寸的比较

尺寸类型	建筑类型	数量	平均值（方差）
宽（W_3）/m	地坑窑	72	2.9733（0.2047）①
	独立式窑洞	36	4.0936（1.9739）②
	砖石建筑	31	9.2335（3.0403）③
	总数	139	4.6596（3.047）
	F值	141.137（P=0.000）	
深（D_3）/m	地坑窑	72	8.8476（1.7740）③
	独立式窑洞	36	7.0889（1.1090）②
	砖石建筑	31	5.1713（1.2851）①
	总数	139	7.5722（2.1200）
	F值	65.460（P=0.000）	
纵横比（W_3/D_3）	地坑窑	72	0.3523（0.0923）①
	独立式窑洞	36	0.6261（0.50350）②
	砖石建筑	31	1.873（0.7153）③
	总数	139	0.7624（0.7413）
	F值	139.731（P=0.000）	
面积（$W_3 \times D_3$）/m²	地坑窑	72	26.3195（5.6523）①
	独立式窑洞	36	27.7758（8.6433）①
	砖石建筑	31	45.3980（22.8717）②
	总数	139	30.9515（14.4849）
	F值	27.686（P=0.000）	

①,②,③显示Duncan检测。

4.2 乡土建筑的空间句法分析

4.2.1 整体建筑的空间句法分析

4.2.1.1 地坑窑的空间句法分析

（1）地坑窑的凸空间划分原则

空间句法理论明确规定，在用凸多边形法划分空间时，空间系统必须被最大的凸形划分，每个凸形都被视为空间构形中的一个节点。基于这一原则，本研究还考虑了建筑的功能要素，将地坑窑空间分为庭院空间、窑房空间和窑前空间三类。庭院空间属于外部空间，它是地坑窑各项功能转换的中心，也是空间布局的中心。窑房空间是一种室内空间，根据其功能可分为居住空间、门户、仓储空间、卫生间和厨房。窑前空间是从内部空间到外部空间的过渡空间，一般为0.5～1.5m，从功能角度看，这部分空间能防止雨水进入房间，从使用功能看，它也是人们重要的休闲、聊天和放松空间。

（2）三种地坑窑的空间特征

地坑窑以庭院为核心组织整个空间系统，因此，庭院是空间布局的中心，也是功能组织的中心。地坑窑的建造利用“减法”原理，当土壤被移走时，庭院系统的基本形式就已经形成，然后在这个连续的界面上再次进行减法处理，凿开一系列的功能窑室。每个窑室都朝着中央庭院敞开大门，这再次加强了庭院作为空间布局核心的地位（图4-1）。在实际使用过程中，地坑窑的交通系统也通过庭院（图4-2）进行过渡和组织。对三种窑型进行空间关系拓扑分析和凸空间划分，结果如表4-7所示。

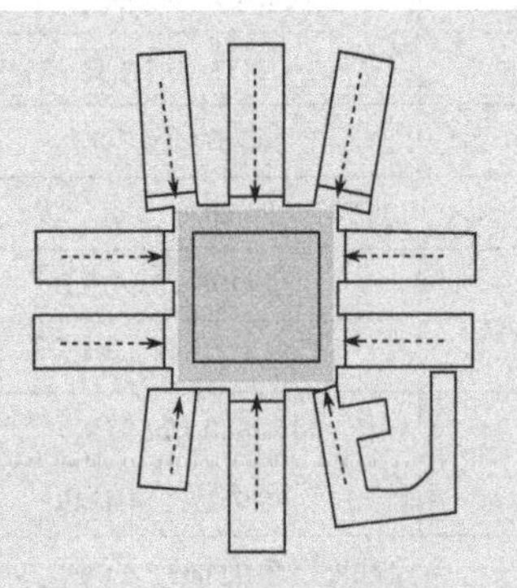

图4-1 地坑窑以庭院为核心

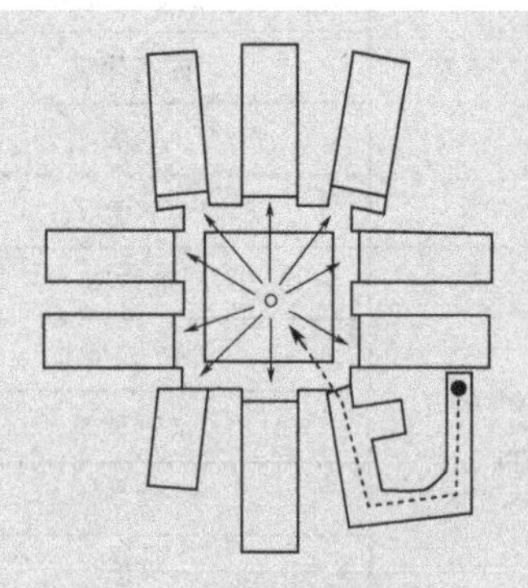

图4-2 地坑窑交通系统

表 4-7 地坑窑的空间组织

类型	建筑平面	凸面图	空间句法图（集合度）	J图
8孔地坑窑	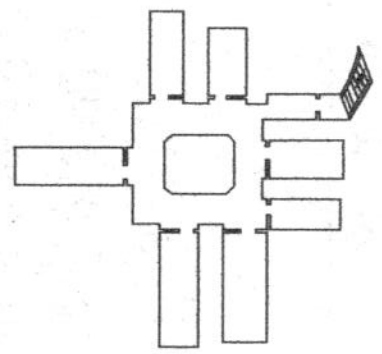	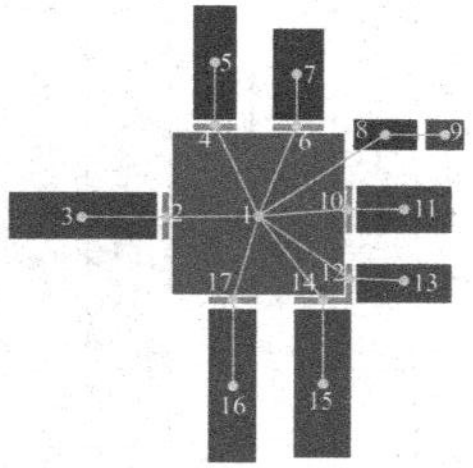	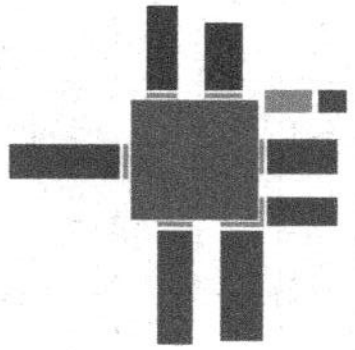	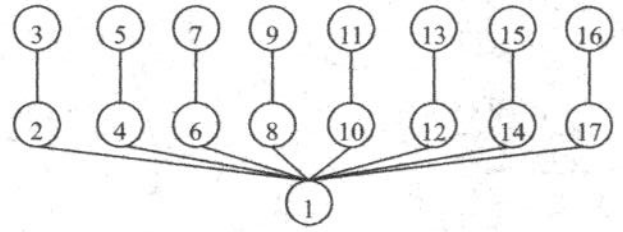
10孔地坑窑	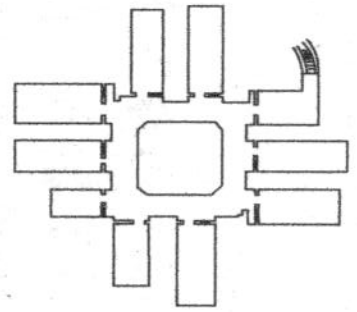	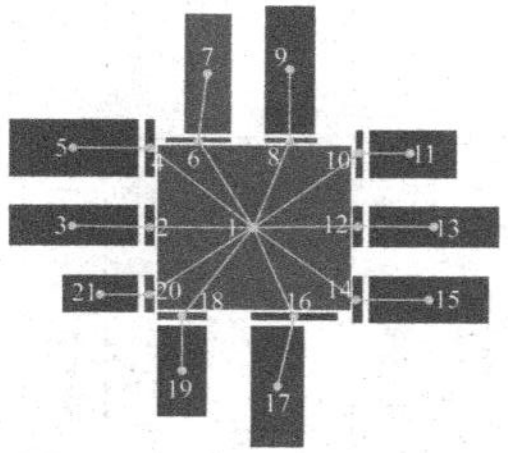	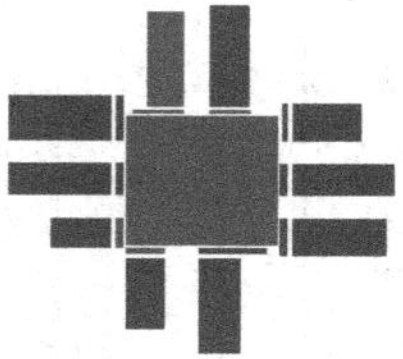	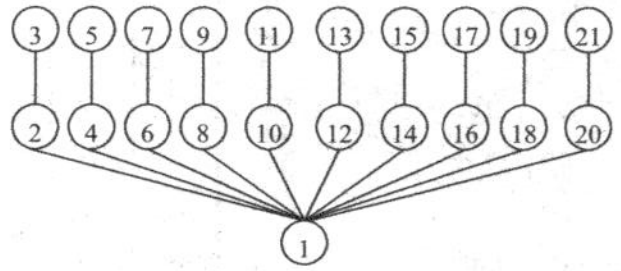
12孔地坑窑	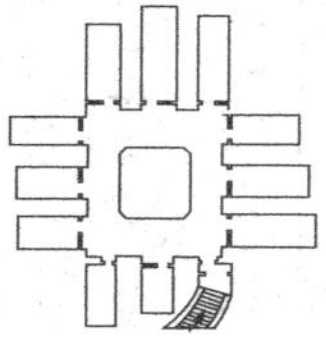	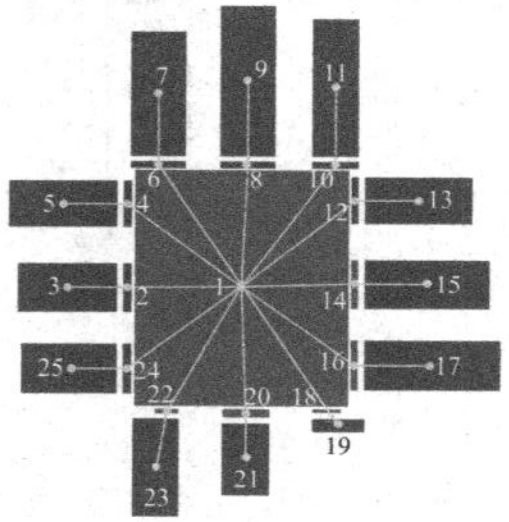	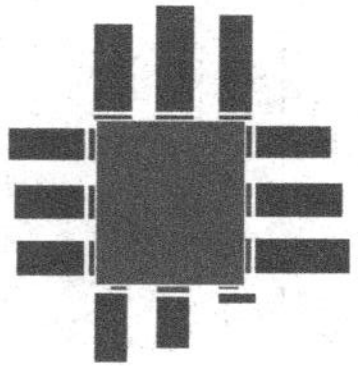	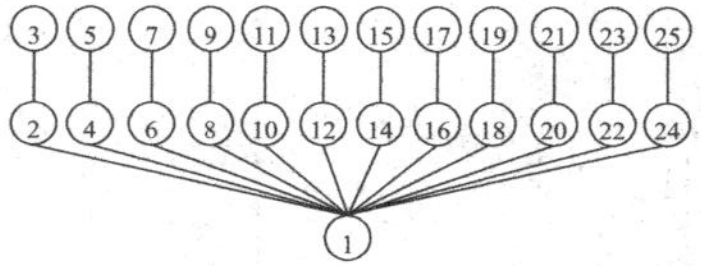

（3）三种地坑窑的空间句法分析

分别对72个地坑窑进行空间句法分析，获得了每个地坑窑的连接度、控制度、集合度和深度值的平均值。然后，比较三种窑的四项指标，结果如表4-8所示。

表4-8　三种地坑窑空间句法分析

空间句法指标	地坑窑类型	数量	平均值（方差）
连接度	8孔式地坑窑	10	1.960282630（0.101161944）
	10孔式地坑窑	32	1.938806593（0.061289379）
	12孔式地坑窑	30	1.934511282（0.037698282）
	总数	72	1.939999663（0.059909384）
	*F*值	0.699（*P*=0.500）	
控制度	8孔式地坑窑	10	1.000000007（0.000000012）①
	10孔式地坑窑	32	1.000000005（0.000000011）①
	12孔式地坑窑	30	1.000000017（0.000000014）②
	总数	72	1.000000010（0.000000014）
	*F*值	7.013（*P*=0.002）	
集合度	8孔式地坑窑	10	1.249415334（0.113603162）①
	10孔式地坑窑	32	1.351262464（0.103200646）②
	12孔式地坑窑	30	1.450175140（0.104929114）③
	总数	72	1.378330644（0.125040422）
	*F*值	15.523（*P*=0.000）	
平均深度值	8孔式地坑窑	10	2.909796882（0.174206304）
	10孔式地坑窑	32	2.784346397（0.196922970）
	12孔式地坑窑	30	2.764640484（0.152167028）
	总数	72	2.793559278（0.180362506）
	*F*值	2.618（*P*=0.080）	

①,②,③显示Duncan检测。

从分析结果看，连接度和平均深度值的显著性水平均大于0.01，这表明三种窑的连接度和深度值差异不显著，控制度和集合度的显著性水平分别为0.002和0.000，均小于0.01，说明三种窑的控制度和集合度差异显著。

连接度表示空间系统中与某个单元空间相交的空间数量，它是空间系统中的一个局部变量。在三种类型的地坑窑中，空间的关系（通常通过图表来思考空间配置的关系图，称为J图，也称为对齐图）可以分为三种类型，即窑、门前空间和庭院。从单一空间的连接度看，三种类型的窑洞都有相同的空间连接度，共有两种空间类型，即窑门前空间和门前空间-庭院。这三种窑的所有窑门前空间的连接度是相同的，只是庭院空间略有不同。因此，三种窑型的连接度在统计结果上没有显示出显著差异性。

控制度反映了空间对周围空间的影响程度，表示了空间系统对与之相交的空间的控制程度。它在数值上等于与它相交的所有空间的连接值的倒数之和，也是空间系统中的一个局部变量。三种窑的空间连接均可以描述为窑-门前空间-庭院，因此，三种窑的控制度是相同的。由于庭院空间的连接度不同，前门空间的控制度也不同，庭院空间的控制度受门前空间的大小影响，因此前门空间和庭院空间的控制度与窑房的数量有关。从统计结果来看，8孔窑与10孔窑无显著差异，与12孔窑有显著差异。

深度值表示从一个空间到另一个空间的容易程度。空间句法规定两个相邻节点之间的距离为一步。任意两个节点之间的最短距离，即空间变换的数量，表示为两个节点之间的深度值。从一个节点到系统中所有其他节点的最小步数的平均值是节点的平均深度值。统计结果表明，三种地坑窑的深度值与窑洞数呈负相关，它们之间没有显著的差异。

集合度是空间句法分析中最常用、最重要的参数，它反映了整体空间的结构特征。集合度的值与深度值呈负相关。深度值越高，集合度越低，可达性越差。三种窑的空间结构形式相同，均以庭院为中心呈放射状布置。因此，通过比较其窑洞数量，可以判断其整体性的变化。从统计结果来看，三种窑型之间存在显著差异。12孔窑集合度的平均值最大，8孔窑最小，也就是说，作为整体建筑物，12孔窑的可达性最好，8孔窑的可达性最低。

4.2.1.2 地坑窑、独立式窑洞、砖石建筑的空间句法分析

（1）独立式窑洞、砖石房屋空间组成介绍

中国典型的住宅是北方的四合院，它是以庭院为中心，四面环绕建筑的住宅。事实上，这种布局几乎在中国所有的住宅建筑中都有体现。在豫西地区的民居建筑中，这种类型的建筑也普遍存在。根据围院方式的不同，不仅有四合院，还有三合院、二合院和开放式庭院（单排房屋）。豫西地区的这种庭院有两种建筑形式，一种是由独立式窑洞构成的庭院，另一种是由砖石建筑构成的庭院。由于独立式窑洞住宅庭院的灵活性，有时庭院不仅限于一个庭院，而是以庭院为基本单元向水平或垂直方向延伸，形成一组严格规划的大型模块化庭院。模块化庭院通常有水平连接和垂直连接两种情况。根据调查数据，各种庭院的空间组织如表4-9所示。主屋作为公共空间，是家庭成员聚会、会见客人和庆祝的起居室，侧屋建在主屋的两侧，供孩子们居住，呈对称布置。倒座的房子通常与大门相连，用来存放东西，或作为起居室。

表4-9　独立式窑洞和砖石建筑的空间组织(67例考察建筑)

建筑类型		建筑平面图	凸空间图	J图
单列式建筑	独立式窑洞(13)	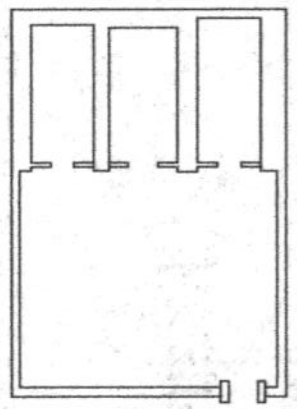	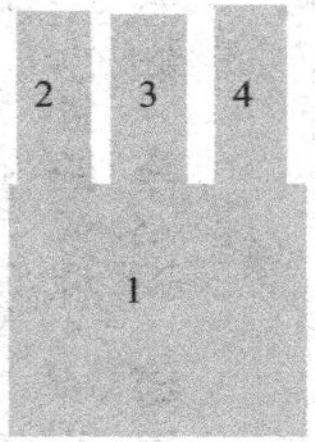	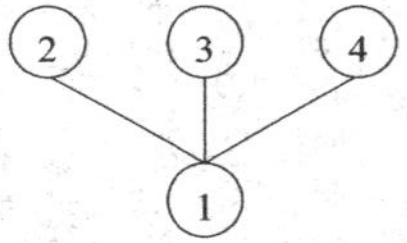 对称结构：庭院空间不适合句法分析
二合院	独立式窑洞(13)	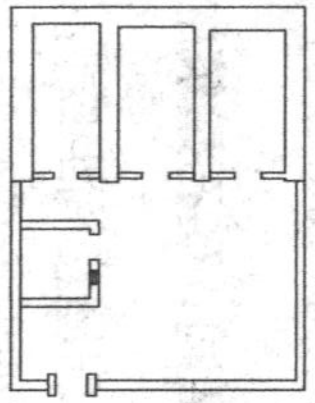	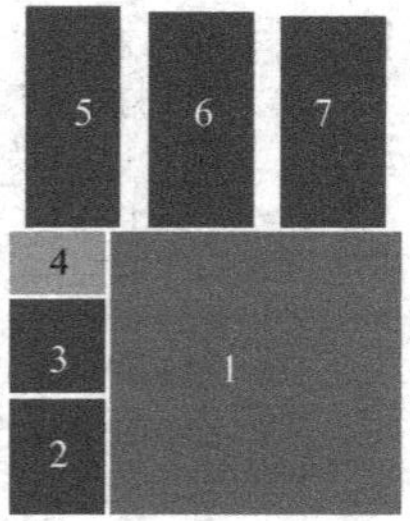	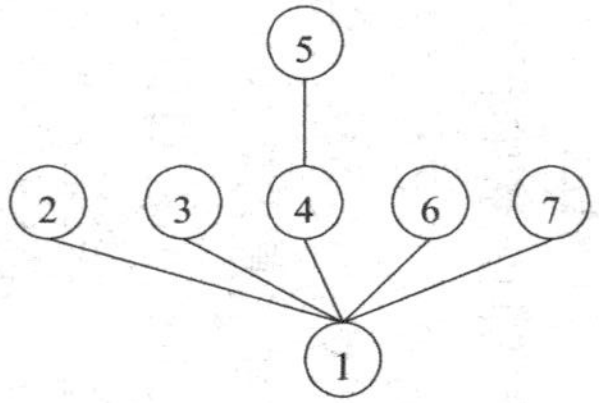 不对称结构
	砖石建筑(5)			
	独立式窑洞(2)	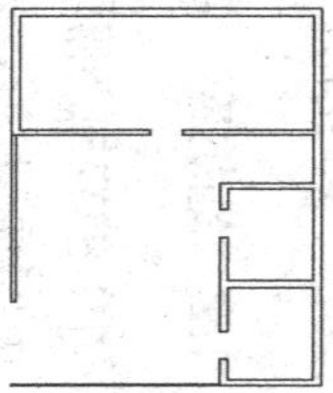	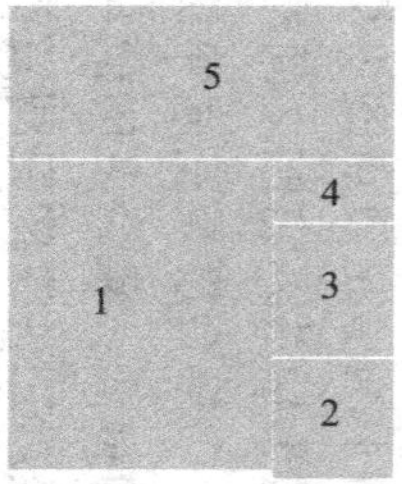	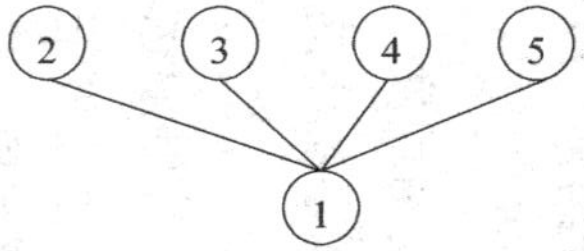 对称结构：庭院空间不适合句法分析
	砖石建筑(2)			

续表

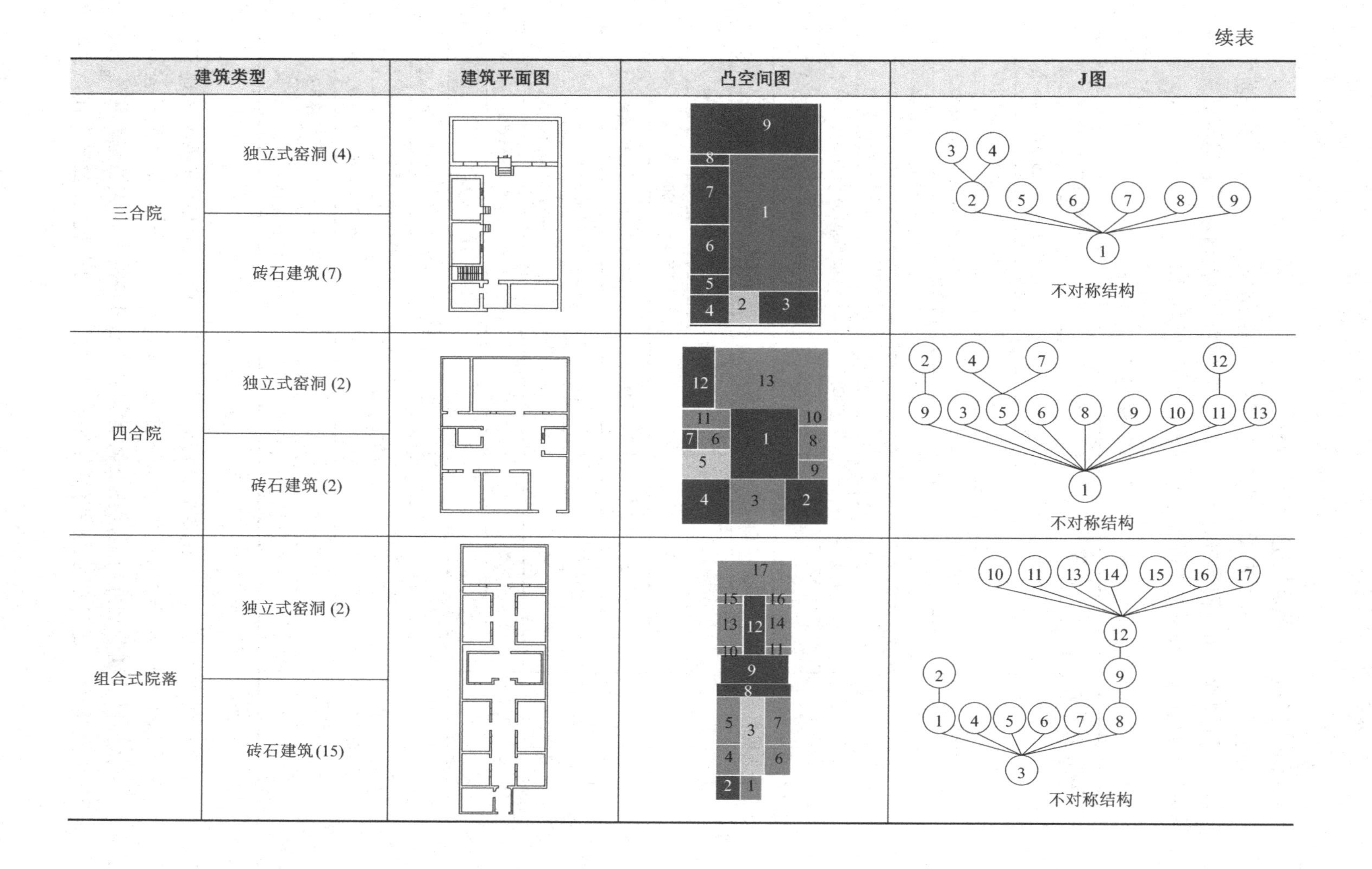

建筑类型		建筑平面图	凸空间图	J图
三合院	独立式窑洞 (4)			不对称结构
	砖石建筑 (7)			
四合院	独立式窑洞 (2)			不对称结构
	砖石建筑 (2)			
组合式院落	独立式窑洞 (2)			不对称结构
	砖石建筑 (15)			

（2）三类乡土建筑的空间句法分析

从建筑布局的角度来看，地坑窑、独立式窑洞、砖石建筑都以庭院为中心，庭院周围是由不同形式、不同材料组成的建筑。根据不同的建筑形式，将建筑分为三类，并对其空间句法指标进行比较（表4-10）。

表4-10　三种建筑的空间句法分析

空间句法指标	类型	数量	平均值（方差）
连接度	地坑窑	72	1.940374265（0.059972354）③
	独立式窑洞	36	1.449373723（0.375058690）①
	砖石建筑	31	1.784537483（0.249841602）②
	总数	139	1.778453691（0.305016494）
	*F*值	55.811（*P*=0.000）	
控制度	地坑窑	72	1.000000010（0.000000014）①
	独立式窑洞	36	0.737698415（0.319748695）②
	砖石建筑	31	0.954121866（0.171958985）②
	总数	139	0.921833968（0.211247416）
	*F*值	25.779（*P*=0.000）	
集合度	地坑窑	72	1.379595412（0.123989499）③
	独立式窑洞	36	1.014631921（0.510377728）①
	砖石建筑	31	1.208525620（0.500866572）②
	总数	139	1.246920238（0.390002757）
	*F*值	1.483（*P*=0.000）	
平均深度值	地坑窑	72	2.791222779（0.180156287）③
	独立式窑洞	36	1.913780648（0.370583690）①
	砖石建筑	31	2.327528829（0.414470104）②
	总数	139	2.460557821（0.477374831）
	*F*值	106.363（*P*=0.000）	

①,②,③显示Duncan检测。

从分析结果看，三类建筑的连接度、控制度、集合度和平均深度的显著性水平均是0.000，小于0.01，表示这三类建筑在这四个指标上均具有显著差异。

按照凸空间的划分类型，在三类建筑中，地坑窑的空间类型包括窑室、门前空间和庭院，它的空间连接方式是窑室-门前空间-庭院。独立式窑洞的空间类型是窑室（房间）和庭院，它的空间连接方式是窑室（房间）-庭院。砖石建筑的空间类型主要是房屋、门前空间和庭院，它的连接方式是房屋-门前空间-庭院，或房屋-庭院。

从单个空间连接度进行分析，地坑窑连接方式共有两种：窑室-门前空间，门前空间-庭院。所有窑室的连接度都是1，门前空间的连接度都是2，而庭院的连接度与窑洞的孔数（地坑窑孔数有8孔、10孔、12孔）相同。独立式窑洞的空间连接方式只有一种，即窑室（房间）-庭院，它的窑室（房间）的连接度也都是1，而庭院的连接度一般在2~5之间。砖石建筑的空间相对复杂，但从空间类型上，房屋都是一个开口，所以它的连接度也都是1，砖石建筑围合的形式多样，因此其庭院的连接度相对复杂。从分析结果看，地坑窑的平均连接度值最大，其次是砖石建筑，独立式窑洞的连接度最小。

地坑窑窑室的控制度都相同，为0.5，门前空间的控制度因为庭院空间的连接度不同而有差异，一般是1+（1/8 ～ 1/12），庭院空间的控制度受到门前空间数量的影响，一般是（8 ～ 12）×0.5。独立式窑洞的窑室（房间）的控制度因为庭院空间的连接度不同而有差异，一般是1/5 ～ 1/2，庭院空间的控制度一般在2 ～ 5之间。砖石建筑房屋的控制度一种与地坑窑相同，为0.5，另外一种会因为庭院空间的连接度的不同而有差异，也就是说建筑的控制度与建筑的空间联系方式有关，也与房间的数量有关。从统计结果看，地坑窑和砖石建筑之间不具显著的差异性，它们与独立式窑洞具显著的差异性。

三类建筑的平均深度值与窑洞的孔数或是房屋的数目具有正相关的关系，房间数目越多，平均深度值也越大，从统计结果看，地坑窑的平均深度值最大，其次是砖石建筑，最小的是独立式窑洞。

这三类建筑的空间结构模式大致相同，都是以庭院为中心，四周辐射式布置，所以比较它们的窑洞（房间）数量就可以判断出它们的集合度的变化规律。从统计结果看，三类建筑存在显著的差异。地坑窑集合度的平均值最大，其次是砖石建筑，独立式窑洞的最小，这意味着地坑窑的平均可达性最好，独立式窑洞的平均可达性最差。

4.2.2 庭院的空间句法分析

4.2.2.1 三种地坑窑庭院的空间句法分析

从分析结果看（表4-11），三种窑洞院落的连接度、控制度、集合度和平均深度值的显著性水平都小于0.01，表示三种窑洞院落在四个指标上都具有显著差异。

在三类窑洞中，院落空间的连接方式基本相同，大部分是门前空间与庭院相连，只有个别的门洞与庭院相连接。

三类窑洞庭院空间的连接度在8～12之间，这与窑洞的孔数相对应，对于8孔窑而言，它的庭院的连接度平均值是9.4，10孔窑庭院的连接度平均值是10.16，12孔窑庭院的连接度平均值是12.0。三类窑洞庭院的连接度平均值具有显著差异性。

三类窑洞庭院空间的控制度受到窑室连接方式和窑室数目的影响。从统计结果看，8孔窑庭院的控制度平均值是5.06，10孔窑庭院的控制度平均值是5.89，12孔窑庭院的控制度平均值是7.07，它们具有统计学意义上的显著差异。

统计结果显示，三类窑洞庭院的深度值都与窑洞的孔数呈负相关，12孔窑和10孔窑无显著的差异，但它们与8孔窑有显著的差异。

三类地坑窑的空间结构模式相同，都以庭院为中心，四周辐射式布置，从统计结果看，三类地坑窑庭院在集合度上存在显著的差异。12孔地坑窑庭院的集合度平均值最大，其次是10孔地坑窑庭院，8孔地坑窑庭院最小，这意味着12孔窑庭院的可达性最好，8孔窑庭院的可达性最差。

表4-11　三种地坑窑庭院空间句法分析

空间句法指标	地坑窑类型	数量	平均值（方差）
连接度	8孔式地坑窑	10	9.40（1.35）①
	10孔式地坑窑	32	10.16（0.574）②
	12孔式地坑窑	30	12.00（0.830）③
	总数	72	10.82（1.314）
	*F*值	56.269（*P*=0.000）	
控制度	8孔式地坑窑	10	5.0583（1.0334）①
	10孔式地坑窑	32	5.8932（0.9810）②
	12孔式地坑窑	30	7.0666（1.1609）③
	总数	72	6.2662（1.2826）
	*F*值	16.808（*P*=0.000）	
集合度	8孔式地坑窑	10	3.3842（0.6090）①
	10孔式地坑窑	32	4.0153（0.71123）②
	12孔式地坑窑	30	4.5673（0.7220）③
	总数	72	4.1577（0.8031）
	*F*值	11.789（*P*=0.000）	

续表

空间句法指标	地坑窑类型	数量	平均值（方差）
平均深度值	8孔式地坑窑	10	1.6287（0.12252）②
	10孔式地坑窑	32	1.5328（0.1188）①
	12孔式地坑窑	30	1.4972（0.0813）①
	总数	72	1.5312（0.01322）
	*F*值	5.855（*P*=0.004）	

①,②,③显示Duncan检测。

4.2.2.2 三类乡土建筑庭院的空间句法分析

由于空间句法只能对非对称形式的空间形式进行分析，在调研的139个案例中，独立式窑洞中有14个建筑的庭院属于对称式空间形式，砖石建筑中有2个建筑的庭院属于对称式空间形式，所以在此次数据分析中，把它们排除掉，不做统计。

从分析结果看（表4-12），三类建筑的庭院的连接度、控制度和平均深度的显著性水平均是0.000，小于0.01，表示这三类建筑的在这三个指标上均具有显著差异。而集合度的显著性水平是0.246，大于0.01，说明这三类建筑的庭院在集合度上不具有显著性差异。

按照凸空间划分的类型，在三类建筑中，地坑窑的空间类型包括窑室、门前空间和庭院，它的空间连接方式是窑室-门前空间-庭院。独立式窑洞的空间类型是窑室（房间）和庭院，它的空间连接方式是窑室（房间）-庭院。砖石建筑的空间类型主要是房屋、门前空间和庭院，它的连接方式为房屋-门前空间-庭院，或房屋-庭院。

从单个空间连接度进行分析，地坑窑庭院的连接方式主要是庭院-门前空间。所有地坑窑庭院的连接度都在8～12之间，与窑洞的孔数（地坑窑孔数有8孔、10孔、12孔）相对应。独立式窑洞的空间连接方式只有一种，即窑室（房间）-庭院，它的庭院的连接度一般在2～5之间。砖石建筑的空间形式与独立式窑洞比较相似，都是由若干围合的院落组成的。从分析结果看，砖石建筑和独立式窑洞的庭院连接度平均值不具有显著性差异，而它们与地坑窑的庭院具有差异性。地坑窑庭院连接度平均值是10.819，砖石建筑和独立式窑洞的庭院连接度平均值分别是5.845和5.477。

地坑窑庭院空间的控制度受到门前空间数量的影响，一般为（8～12）×0.5，独立式窑洞的庭院空间和窑室（房间）相连，所以它的控制度也与房间数量相关，一般在2～5之间。砖石建筑房屋的围合方式与独立式窑洞比较相似，围合的建筑数目相近，所以庭院的控制度也相近。从分析结果看，砖石建筑和独立式窑洞庭院的控制度平均值不具有显著性差别，而它们与地坑窑的庭院具有差异。地坑窑庭院的控制度平均值是6.27，砖石建筑和独立式窑洞庭院的控制度平均值分别是4.93和4.77。

三类建筑庭院的平均深度值都与窑洞的孔数或是房屋的数目具有正相关的关系，房间数目越多，平均深度值也越大。从统计结果看，砖石建筑和地坑窑的庭院在平均深度值上不具有显著差异，它们与独立式窑洞具有显著差异。其中，砖石建筑庭院的平均深度值最大，为1.63，其次是独立式窑洞的庭院，为1.53，独立式窑洞的庭院平均深度值最小，为1.32。

这三类建筑的空间结构模式大致相同，都是以庭院为中心，向四周辐射式布置，从统计结果看，三类建筑的庭院的集合度相近，不存在显著的差异。这说明三种建筑的空间布局形式具有相似性，也显示了庭院在三种建筑中的地位和作用是相近的，这与J图所示的意义具有一致性。

表4-12　三类乡土建筑庭院的空间句法分析

空间句法指标	建筑类型	数量	平均值（方差）
连接度	地坑窑	72	10.819（1.3143）②
	独立式窑洞	22	5.477（1.3669）①
	砖石建筑	29	5.845（2.2995）①
	总数	123	152.605（3.0004）
	*F*值	55.811（*P*=0.000）	
控制度	地坑窑	72	6.2662（1.2826）②
	独立式窑洞	22	4.7683（1.2158）①
	砖石建筑	29	4.9289（2.4009）②
	总数	123	5.6829（1.7382）
	*F*值	11.521（*P*=0.000）	
集合度	地坑窑	72	4.1577（0.8031）
	独立式窑洞	22	4.6840（2.1463）
	砖石建筑	29	3.572（4.3273）
	总数	123	4.1139（2.3654）
	*F*值	1.420（*P*=0.246）	
平均深度值	地坑窑	72	1.5312（0.1122）②
	独立式窑洞	22	1.3154（0.3995）①
	砖石建筑	29	1.6325（0.3764）②
	总数	123	1.5165（0.2792）
	*F*值	9.461（*P*=0.000）	

①，②显示Duncan检测。

4.2.3 主房间的空间句法分析

（1）地坑窑主窑室的空间句法分析

从分析结果看（表4-13），三种窑洞主窑室的连接度无统计结果，控制度和平均深度的显著性水平分别是0.542和0.017，均大于0.01，表示三种窑洞主窑室在控制度和平均深度上不具有明显的差异，而集合度的显著性水平是0.000，小于0.01，表示三种窑洞主窑室的集合度具有显著差异。

主窑室是地坑窑最主要的空间，往往位于窑洞的中轴线上，它的方位决定着窑洞的名称。它的前面往往有开阔的门前空间，所以连接方式比较简单。

在三类窑洞中，主窑室的连接方式基本都是相同的，即窑室-门前空间。所以这三种窑洞的主窑室的连接度值都是1，没有统计学上的意义。

三类窑洞的空间连接方式都可以描述为窑室-门前空间-庭院。所以三类窑洞主窑室的控制度都是0.5，不具有统计学上的意义。

从统计结果看，窑洞主窑室的深度值与窑洞的孔数是负相关的。12孔窑洞和10孔窑洞无显著的差异，但它们与8孔窑洞有显著的差异，在数值上，12孔窑洞主窑室的平均深度值是3.319，10孔窑洞主窑室的平均深度值约为3.323，8孔窑洞主窑室的平均深度值约为3.465。

统计结果显示，三类窑洞主窑室的集合度存在显著的差异。12孔窑洞主窑室的集合度平均值最大，为0.954，10孔窑洞主窑室的集合度平均值为0.886，8孔窑洞主窑室的集合度平均值最小，为0.851。这意味着12孔窑洞的主窑室的可达性最好，8孔窑洞的主窑室的可达性最差。

表4-13 地坑窑主窑室的空间句法分析

空间句法指标	地坑窑类型	数量	平均值（方差）
连接度	8孔式地坑窑	10	1.00（0.000）
	10孔式地坑窑	32	1.00（0.000）
	12孔式地坑窑	30	1.00（0.000）
	总数	72	1.00（0.000）
	*F*值		
控制度	8孔式地坑窑	10	0.5000（0.0000）
	10孔式地坑窑	32	0.4947（0.0294）
	12孔式地坑窑	30	0.5000（0.0000）
	总数	72	0.4976（0.0196）
	*F*值	0.618（*P*=0.542）	

续表

空间句法指标	地坑窑类型	数量	平均值（方差）
集合度	8孔式地坑窑	10	0.8511（0.0977）①
	10孔式地坑窑	32	0.8865（0.0273）②
	12孔式地坑窑	30	0.9536（0.0343）③
	总数	72	0.9095（0.0596）
	*F*值	26.323（*P*=0.000）	
平均深度值	8孔式地坑窑	10	3.4653（0.2387）
	10孔式地坑窑	32	3.3231（0.1445）
	12孔式地坑窑	30	3.3190（0.0956）
	总数	72	3.3411（0.1503）
	*F*值	4.337（*P*=0.017）	

①,②,③显示Duncan检测。

（2）地坑窑、独立式窑洞、砖石建筑主房间的空间句法分析

从分析结果看（表4-14），三类建筑主窑室（主房间）的控制度、集合度和平均深度值的显著性水平均是0.000，小于0.01，这表示三类建筑的主窑室（主房间）在这三个指标上均具有显著差异，而连接度的显著性水平是0.06，大于0.01，表示主窑室（主房间）不具有显著差异。

从单个空间连接度进行分析，地坑窑主窑室的空间连接方式是窑室-门面空间。所有主窑室的连接度都是1。独立式窑洞主窑室的空间连接方式是窑室-庭院，它的主窑室的连接度也都是1。砖石建筑的空间相对复杂，有的主房由于与前后庭院都要相连，所以其连接度的值在1～4之间。但是这种空间连接的形式并不多，从统计的平均值来看，为1.13，与地坑窑和独立式窑洞在统计学上没有差异性。

地坑窑的主窑室的控制度都相同，是0.5。独立式窑洞的主窑室的控制度因为庭院空间的连接度的不同而有差异，一般是1/5～1/2。砖石建筑的主房间与独立式建筑主窑室的空间结构相似，两类建筑主房间的控制度不具有显著的差异，分别是0.255和0.356。但它们与地坑窑主窑室的控制度具有显著的差异，结果显示，地坑窑主窑室的控制度最大，为0.5。

三类建筑的主窑室（主房间）的平均深度值与窑洞的孔数或房屋的数目具有正相关的关系，房间数目越多，平均深度值也越大，从统计结果看，地坑窑的平均深度值最大，为3.34，其次是砖石建筑，为2.48，独立式窑洞的主窑室的平均深度最小，是1.96。

这三类建筑主窑室（主房间）的集合度统计结果显示，地坑窑平均值最

大，为0.910，其次是砖石建筑，为0.884，二者没有显著的差异，它们与独立式窑洞的主窑室具有显著的差异，独立式窑洞主窑室的集合度最小，为0.735。集合度的大小与窑洞的孔数或是房屋的数目具有正相关性，地坑窑主窑室的平均可达性最好，独立式窑洞的主窑室平均可达性最差。

表4-14 三种类型建筑主房间的空间句法分析

空间句法指标	建筑类型	数量	平均值（方差）
连接度	地坑窑	72	1.00（0.000）
	独立式窑洞	36	1.00（0.000）
	砖石建筑	31	1.13（0.562）
	总数	139	1.03（0.268）
	*F*值	2.875（*P*=0.060）	
控制度	地坑窑	72	0.4976（0.0196）②
	独立式窑洞	36	0.2554（0.1036）①
	砖石建筑	31	0.35614（0.5749）①
	总数	139	0.4976（0.2926）
	*F*值	9.868（*P*=0.000）	
集合度	地坑窑	72	0.9095（0.0596）①
	独立式窑洞	36	0.7352（0.2704）②
	砖石建筑	31	0.8842（0.3155）②
	总数	139	0.8587（0.2179）
	*F*值	8.850（*P*=0.000）	
平均深度值	地坑窑	72	3.3411（0.1503）③
	独立式窑洞	36	1.9631（0.4148）①
	砖石建筑	31	2.4840（0.4537）②
	总数	139	2.7931（0.6766）
	*F*值	243.249（*P*=0.000）	

①,②,③显示Duncan检测。

5 用户住宅环境评价分析

在2020年6月至2020年10月期间，对豫西地区10个村庄的部分村民进行了乡土建筑评价问卷调查（表5-1），其中地坑窑村落的村民150人，独立式窑洞村落的村民60人，砖石建筑村落的村民60人。

表5-1 问卷调查地概况

调查地区		建筑类型	村名
河南西部地区	陕州区（34° 34' N, 111° 25' E）	地坑窑	庙上村，官寨头村，曲村，刘寺村，窑底村，北营村
	禹州（34° 18' N, 113° 51' E）	独立式窑洞	魏井村，天硐村
		砖石建筑	浅井村，神垕村

5.1 调查项目和目的

调查的目的是了解建筑评价要素之间是否存在相关性，分析三类建筑评价结果的差异以及不同调查对象对建筑的评价之间的差异，并了解人们对这三类建筑类型的态度和想法。问卷调查项目包括四个部分：被调查者的基本情况、被调查者的居住状况、建筑评价和开放式问题（表5-2）。基本情况包括年龄、性别、职业、家庭成员数、家庭月收入、健康状况以及被调查建筑物的所有权类型、面积、建造年代。被调查者的居住状况和开放式问题分别包括4个问题，在后文作详细阐述。建筑评价项目包括室内环境舒适性、卫生性、功能性、便捷性和社会性五个方面。其中，室内环境包括室内温度、室内空气、室内通风、室内湿度、室内自然采光和噪声。卫生包括饮用水安全、室外排水和卫生间卫生。功能性包括建筑结构、生活和生产的建筑面积、厨房的方便性。便捷性包括去医院、市区、市场和行政办公场所的方便性。社会方面包括邻里、隐私、安全和维修房屋问题。根据李克特量表的5分标准，将建筑评价项目分为：非常差（1）、差（2）、一般（3）、好（4）和非常好（5）。

表5-2 问卷调查的对象、项目及方法

项目	内容
调查对象	地坑窑村落村民，150人 独立式窑洞村落村民，60人 砖石建筑村落村民，60人 共270人

续表

项目	内容
调查项目	被调查者的基本情况 被调查者的居住状况 建筑评价 开放式问题
调查方法	使用问卷星 制作调研问卷

5.2 调研对象分析

使用SPSS10.0软件统计调查对象的基本情况。从表5-3中可以看出，男性和女性的比例分别为53.3%和46.7%，这意味着接受调查的男性和女性的比例大致相同。就年龄而言，41~60岁的人最多，其次是21~40岁的人。农民（52.6%）是占比最多的职业。家庭成员数量以3~5人（75.6%）最多。所有权类型以私有（95.9%）最多。家庭月收入在2001~3500元（34.8%）之间的人是最多的。健康（42.9%）是健康状况中占比最高的。清代（1644~1912年）（56.3%）是建筑建造年代中占比最高的。151~250m^2（35.2%）是建筑面积中占比最高的。

表5-3 调查对象的基本信息统计（270人）

种类		数量/人	比例/%
性别	男	144	53.3
	女	126	46.7
年龄	0~20岁	46	17.0
	21~40岁	85	31.5
	41~60岁	104	38.5
	61~76岁	27	10.0
	超过76岁	8	3.0
职业	农民	142	52.6
	工人	17	6.3
	政府机关	43	15.9

续表

种类		数量/人	比例/%
职业	商业	18	6.7
	其他	50	18.5
家庭成员数	1~2人	24	8.9
	3~5人	204	75.6
	6~9人	36	13.3
	10~12人	5	1.8
	超过12人	1	0.4
所有权类型	私有	259	95.9
	租借	11	4.1
家庭月收入	少于1000元	22	8.1
	1001~2000元	54	20.0
	2001~3500元	94	34.8
	3501~ 5000元	68	25.2
	超过5000元	32	11.9
健康状况	很差	2	0.7
	差	23	8.5
	一般	87	32.2
	健康	116	42.9
	很健康	42	15.7
建造年代	明（1644年以前）	16	5.9
	清代（1644~1912年）	152	56.3
	1912~1949年	54	20.0
	1949~1980年	36	13.4
	1980年以后	12	4.4
房屋面积	少于100m^2	20	7.4
	100~150m^2	87	32.2
	151~250m^2	95	35.2
	251~350m^2	55	20.4
	超过350m^2	13	4.8

5.3 建筑物评价分析

5.3.1 问卷的描述统计学分析

对问卷中22个问题的回答进行描述统计学分析，结果如表5-4所示。各项评价得分均高于一般状态。便捷性评价最低，其次为卫生性评价。室内环境舒适性与功能性相近，社会性方面评价最高。在室内环境舒适性方面，外界噪声的评价最高，室内自然采光、室内湿度和室内通风的评价较低。在卫生性方面，最高的评价是供水，最低的评价是卫生间卫生。在功能性方面，最高的评价是建筑物的大小，最低的评价是厨房和餐厅的安排。在便捷性方面，评价最高的是市场准入和医院准入，评价较低的是行政办公场所准入。在社会性方面，最高的评价是与邻居相熟，最低的评价是房屋维修。总的来说，评价最低的因素是厕所卫生，以及进入行政办公场所、市中心、医院和市场的机会，这些都需要在未来得到改善。

表5-4 建筑评价内容的描述统计

建筑评价类别	问题	人数	最小值	最大值	平均值	方差
室内环境舒适性	冬天室内空间的温度舒适吗?	270	1	5	3.53	0.760
	夏天室内空间的温度舒适吗?	270	1	5	3.68	0.734
	室内空气舒适吗?	270	2	5	3.47	0.750
	室内通风是否合适?	270	1	5	3.24	0.806
	室内湿度合适吗?	270	1	5	3.22	0.855
	室内自然采光如何?	270	1	5	3.20	0.808
	周围有噪声影响吗?	270	1	5	3.76	0.881
总数		270	1.857	5	3.442	0.571
卫生性	饮用水供应便捷吗?	270	1	5	3.37	0.852
	室外排水方便吗?	270	1	5	3.04	0.971
	厕所卫生吗?	270	1	5	2.73	0.904
总数		270	1.333	5	3.045	0.757
功能性	它的结构是否安全，不受自然灾害的影响?	270	1	5	3.44	0.815
	尺寸足够和家人住在一起吗?	270	2	5	3.57	0.669

续表

建筑评价类别	问题	人数	最小值	最大值	平均值	方差
功能性	安排厨房和用餐方便吗?	270	1	5	3.31	0.727
	它的大小是否足以饲养牲畜或贮存物品?	270	1	5	3.42	0.895
总数		270	1.75	5	3.4352	0.575
便捷性	去医院方便吗?	270	1	5	3.03	0.946
	去市区方便吗?	270	1	5	2.94	1.002
	去市场方便吗?	270	1	5	3.04	1.010
	去行政办公场所方便吗?	270	1	5	2.86	1.131
总数		270	1	5	2.966	0.912
社会性	邻里熟悉吗?	270	1	5	4.27	0.697
	有隐私空间吗?	270	2	5	4.03	0.744
	足够安全吗?	270	1	5	3.93	0.748
	房屋维修方便吗?	270	1	5	3.08	0.869
总数		270	2.250	5	3.824	0.531
合计		270	1.95	5	3.37	0.504

5.3.2 李克特量表的可靠性分析

对三类建筑物的五个维度的可信度进行评估，结果如表5-5所示。可以看出，所有项目的克朗巴哈系数均大于0.7，这表明问卷是有效的，可用于数据分析。

表5-5 可靠性分析结果

调研项目	分目标	克朗巴哈系数	频数
建筑评价	室内环境舒适性	0.840	7
	卫生性	0.777	3
	功能性	0.718	4
	便捷性	0.913	4
	社会性	0.938	4
总体比例		0.912	22

5.3.3 建筑评价要素的相关性分析

建筑评价的五个要素的相关性分析如表5-6所示。室内环境舒适性、卫生性、功能性、便捷性、社会性五个要素之间的显著性水平（P值）均小于0.01，表明五个要素之间存在显著差异，且均呈正相关。

表5-6 五个要素的相关性分析结果

建筑评价要素	项目	室内环境舒适性	卫生性	功能性	便捷性	社会性
室内环境舒适性	皮尔逊相关系数	1				
	Sig.（双侧）（P值）					
	人数	270	270	270	270	270
卫生性	皮尔逊相关系数	0.559**	1			
	Sig.（双侧）（P值）	0.000				
	人数	270	270	270	270	270
功能性	皮尔逊相关系数	0.654**	0.495**	1		
	Sig.（双侧）（P值）	0.000	0.000			
	人数	270	270	270	270	270
便捷性	皮尔逊相关系数	0.483**	0.631**	0.412**	1	
	Sig.（双侧）（P值）	0.000	0.000	0.000		
	人数	270	270	270	270	270
社会性	皮尔逊相关系数	0.402**	0.304**	0.534**	0.311**	1
	Sig.（双侧）（P值）	0.000	0.000	0.000	0.000	
	人数	270	270	270	270	270

** 按双侧检验，检验水准0.01，该相关系数具有统计学意义。

5.3.4 三类建筑评价结果的差异性分析

表5-7比较了三类建筑物的建筑评价结果之间的差异。三种类型的建筑在室内环境舒适性、卫生性和便捷性方面的显著性水平均小于0.01，表明三种类型的建筑在室内环境舒适性、卫生性和便捷性存在明显差异。功能性和社会性两项指标的显著性水平均大于0.01，表明二者的差异不显著。在室内环境舒适

性评价中，地坑窑的评价值最高（3.537），独立式窑洞的评价值最低（3.261）。在卫生性评价中，独立式窑洞的卫生性评价值最高（3.183），砖石建筑的卫生性评价值最低（2.617）。在便捷性的评价中，最高的为地坑窑（3.298），最低的为砖石建筑（2.412）。

表5-7 不同类型建筑物评价结果

建筑评价要素	建筑类型	人数	平均值（方差）
室内环境舒适性	地坑窑	150	3.537（0.605）②
	独立式窑洞	60	3.261（0.569）①
	砖石建筑	60	3.388（0.427）①
	总数	270	3.442（0.571）
	*F*值	5.496（*P*=0.005）	
卫生性	地坑窑	150	3.1622（0.791）②
	独立式窑洞	60	3.183（0.724）②
	砖石建筑	60	2.617（0.516）①
	总数	270	3.046（0.757）
	*F*值	13.558（*P*=0.000）	
功能性	地坑窑	150	3.395（0.602）
	独立式窑洞	60	3.458（0.661）
	砖石建筑	60	3.512（0.378）
	总数	270	3.435（0.575）
	*F*值	0.956（*P*=0.385）	
便捷性	地坑窑	150	3.298（0.878）③
	独立式窑洞	60	2.691（0.908）②
	砖石建筑	60	2.412（0.596）①
	总数	270	2.966（0.912）
	*F*值	28.538（*P*=0.000）	
社会性	地坑窑	150	3.743（0.569）
	独立式窑洞	60	3.933（0.546）
	砖石建筑	60	3.916（0.361）
	总数	270	3.8240（0.531）
	*F*值	4.001（*P*=0.019）	

①,②,③显示Duncan检测。

5.3.5 与建筑相关的被调查人群的差异性分析

对与被调查人群密切相关的7个项目（性别、年龄、职业、家庭成员数、家庭月收入、健康状况、建筑面积）的建筑评价进行差异分析，结果如表5-8所示。职业、健康状况的显著性水平小于0.01，表明建筑评价在这些因素上存在显著性差异。在性别、年龄、建筑面积、家庭月收入、家庭成员数等方面，显著性水平均大于0.01，表明建筑评价在这些因素上没有显著差异。从职业角度看，政府工作人员的评价最低（3.254），其他人的评价最高（3.574）。在健康状况方面，健康状况很好的人评价最高（3.685），健康状况很差的人评价最低（3.084）。

表5-8　与建筑相关的被调查人群基本信息差异分析

项目	性别	人数	平均值（方差）
建筑评价	男	144	3.405（0.569）
	女	126	3.340（0.434）
	*F*值	4.512（*P*=0.289）	
	年龄		
	0~20岁	46	3.250（0.457）
	21~40岁	85	3.413（0.552）
	41~60岁	104	3.348（0.535）
	61~76岁	27	3.509（0.359）
	超过76岁	8	3.580（0.260）
	*F*值	1.679（*P*=0.155）	
	职业		
	农民	142	3.310（0.437）①②
	工人	17	3.530（0.567）①②
	政府工作人员	43	3.254（0.471）①
	商人	18	3.479（0.393）①②
	其他	50	3.574（0.673）②
	*F*值	3.809（*P*=0.005）	

续表

项目	性别	人数	平均值（方差）
建筑评价	**健康状况**		
	很差	2	3.084（0.839）①
	差	23	3.439（0.441）①②
	一般	87	3.217（0.459）①②
	好	116	3.373（0.448）①②
	很好	42	3.685（0.652）②
	*F*值	6.713（*P*=0.000）	
	建筑面积		
	低于100m²	20	3.278（0.597）
	100~150m²	87	3.413（0.573）
	151~250m²	95	3.338（0.509）
	251~350m²	55	3.386（0.328）
	超过350m²	13	3.4931（0.596）
	*F*值	0.607（*P*=0.658）	
	家庭月收入		
	少于1000元	22	3.295（0.584）
	1001~2000元	54	3.300（0.542）
	2001~3500元	94	3.450（0.500）
	3501~ 5000元	68	3.301（0.430）
	超过5000元	32	3.492（0.567）
	*F*值	1.733（*P*=0.143）	
	家庭成员数		
	1~2人	24	3.585（0.356）
	3~5人	204	3.371（0.507）
	6~9人	36	3.215（0.593）
	10~12人	5	3.598（0.261）
	超过12人	1	3.687
	*F*值	2.269（*P*=0.062）	

①,②显示Duncan检测。

5.4 问卷中的居住状况分析

问题1：到现在为止你还住在这所房子里吗？

问卷调查的结果总结在表5-9中。

表5-9 问题1的回答结果

回答	地坑窑		独立式窑洞		砖石建筑	
	频数	比例/%	频数	比例/%	频数	比例/%
是	46	30.7	49	81.7	52	86.7
不是	104	69.3	11	18.3	8	13.3
合计	150	100	60	11	60	100

问题2：你在那里住了多久？

问卷调查的结果总结在表5-10中。

表5-10 问题2的回答结果

回答	地坑窑		独立式窑洞		砖石建筑	
	频数	比例/%	频数	比例/%	频数	比例/%
少于1年	8	5.3	1	1.7	0	0
1~5年	67	44.7	21	35	3	5
6~15年	39	26	26	43.3	28	46.7
16~25年	21	14	7	11.7	24	40
多于25年	15	10	5	8.3	5	8.3
合计	150	100	60	100	60	100

问题3：你很想从这房子里搬出去吗？

问卷调查的结果总结在表5-11中。

表5-11 问题3的回答结果

回答	地坑窑		独立式窑洞		砖石建筑	
	频数	比例/%	频数	比例/%	频数	比例/%
从不想	32	21.3	7	11.7	7	11.7
不想	21	14	17	28.3	15	25

续表

回答	地坑窑		独立式窑洞		砖石建筑	
	频数	比例/%	频数	比例/%	频数	比例/%
想慢慢搬走	56	37.3	13	21.7	21	35
想走	31	20.7	20	33.3	13	21.7
想马上就走	10	6.7	3	5	4	6.6
合计	150	100	60	100	60	100

问题4：搬出去的原因是什么？

问卷调查的结果总结在表5-12中。

表5-12　问题4的回答结果

建筑类型	回答	频数	比例/%
地坑窑	室内空间不合理	15	10
	出入不方便	58	38.7
	潮湿	4	2.7
	国家需要	2	1.3
	不喜欢	45	30
	无意见	26	17.3
合计		150	100
独立式窑洞	交通不方便	15	25
	修建困难	20	33.3
	太落后	2	3.3
	室内空间不合理	5	8.3
	室内不舒服	18	30
合计		60	100
砖石建筑	市政设施落后	36	60
	修建昂贵	16	26.7
	过时了	8	13.3
合计		60	100

5.5 问卷中的开放式问题分析

问题1：如何使用废弃房屋？你对废弃房屋的再利用有什么想法吗？如果你回答“是”，你的想法是什么？

问卷调查的结果总结在表5-13中。

表5-13 问题1的回答结果

回答	地坑窑		独立式窑洞		砖石建筑	
	频数	比例/%	频数	比例/%	频数	比例/%
修建后继续居住	29	19.3	14	23.3	8	13.3
发展旅游	68	45.3	26	43.3	47	78.3
储存	25	16.7	2	3.4		
科学研究	15	10	3	5		
无价值	5	3.4				
无看法	8	5.3	7	11.7	5	8.4
继续住			8	13.3		
合计	150	100	60	100	60	100

问题2：如何在再利用建筑物时筹集资金？

问卷调查的结果总结在表5-14中。

表5-14 问题2的回答结果

回答	地坑窑		独立式窑洞		砖石建筑	
	频数	比例/%	频数	比例/%	频数	比例/%
自筹	68	45.3	34	56.7	53	88.3
政府资助	28	18.7	12	20	4	6.7
自筹与资助结合	54	36			3	5
外来投资			14	23.3		
合计	150	100	60	100	60	100

问题3：您对本土建筑未来的发展有什么看法？

问卷调查的结果总结在表5-15中。

表5-15　问题3的回答结果

回答	地坑窑		独立式窑洞		砖石建筑	
	频数	比例/%	频数	比例/%	频数	比例/%
乐观	129	86	44	73.3	48	80
不乐观	21	14	12	20	5	8.3
无看法			4	6.7	7	11.7
合计	150	100	60	100	60	100

问题4：明年你想用什么方式利用这些建筑?

问卷调查的结果总结在表5-16中。

表5-16　问题4的回答结果

回答	地坑窑		独立式窑洞		砖石建筑	
	频数	比例/%	频数	比例/%	频数	比例/%
继续住	6	4	35	58.3	51	85
丢弃	75	50				
民宿	14	9.3	5	8.3		
无看法	55	36.7	7	11.7		
修建			6	10	5	8
出租			7	11.7	4	7
合计	150	100	60	100	60	100

6

乡土建筑的价值评价

6.1 建筑价值评价模型建立

6.1.1 专家组的选择

选出与乡土建筑密切相关的典型性和代表性专家成员。专家组共24人，其中设计师6人，高校教师5人，政府管理人员3人，工程师4人，村委会主任6人。设计师是对本土建筑进行更新、修复和改造的建筑设计师。高校教师是对传统建筑进行保护和利用的科研人员。政府管理人员是指负责或参与制定传统村庄发展规划的人员。工程师是从事民用建筑施工和环境监测的人员。村委会主任代表当地农民的利益。专家组的详细信息见表6-1。

表6-1 专家组信息

项目	类别	数量（比例）
性别	男	14（41.6%）
	女	10（58.4%）
职业	设计师	6（25%）
	大学教授	5（20.8%）
	政府管理人员	3（12.5%）
	工程师	4（16.7%）
	农村管理者	6（25%）
从业经历①	少于3年	2（8.3%）
	4~10年	10（41.7%）
	11~15年	8（33.3%）
	超过15年	4（16.7%）
合计		24（100%）

①专家组成员的从业经历平均14.8年。

6.1.2 评价标准体系的确定

利用德尔菲法进行指标确定。参加者主要是从事河南乡土建筑研究的专家（包括传统建筑修缮技术专家、从事传统建筑研究的教授专家等15名）、负责河南传统建筑管理的当地政府部门代表（3名）、各行政村熟悉当地传统建筑及能清楚把握当地基础数据信息的农民专家（6名）。指标体系调查统计结果如表6-2所示。

表6-2　专家评价意见结果

评价要素	同意	不同意	同意率/%
建造年代	24	0	100
建筑结构的合理性	22	2	91.7
建筑材料的质量	18	6	75
建筑与环境的和谐性	23	1	95.8
建筑环境的一致性	24	0	100
建筑装饰的代表性	19	5	79.1
建筑技术的代表性	18	6	75
建造模式的代表性	22	2	91.7
区位	23	1	95.8
建筑规模	22	2	91.7
使用率	23	1	95.8
建筑结构的安全性	24	0	100
空间布局的合理性	19	5	79.1
室内环境的舒适性	23	1	95.8
建造的经济性	22	2	91.7
室内装饰性	22	2	91.7
室内热环境	22	2	91.7
交通安全	13	11	54.1

由于室内装饰与具有代表性的建筑装饰这两个要素具有相同的含义，因此它们可以相互结合。热环境与室内环境适宜性这两个要素具有相同的含义，因此它们可以相互结合。对传统建筑物的交通安全质量评价没有太大意义，可以删除。经过3次与专家沟通、问卷调查和数据查询，最终选择了如图6-1所示的评价要素。然后，运用德尔菲法和层次分析法确定评价体系的水平，构建乡土建筑价值评价体系的框架。一般而言，完整的层次分析模型是一个层次结构，它由目标层、准则层、次准则层几个主要部分组成。根据综合性、代表性、量化性、关联性、可比性等原则选择评价要素，评价要素必须体现乡土建筑的自我价值特征，注重真实性和完整性，注重环境质量。

第一层次是目标层，即对乡土建筑村落的价值评价。第二层次是准则层。评价指标在前人研究的基础上，考虑不同社会群体对传统建筑价值的评价，将传统建筑的价值构成分为科学价值、艺术价值、社会价值和使用价值四个部分。在确定第三层次（次标准层或次准则层）的评价要素时，咨询了24位专家，他们按照准则层的评价指标列出了评价要素。根据专家意见，对评价要素进行了归纳和分类，得出以下结论：科学价值由4个要素组成，即建造年代、建筑结构的合理性、建筑材料的质量和建筑物对环境的适应性；艺术价值由建筑形态的完整性、建筑装饰的代表性、建筑工艺的典型性、建筑造型的典型性四个要素构成；社会价值由区位条件、建筑群规模、使用率三个要素构成；使用价值由建筑结构的安全性、空间布局的合理性、室内环境的适宜性和建筑的经济性四个要素组成。

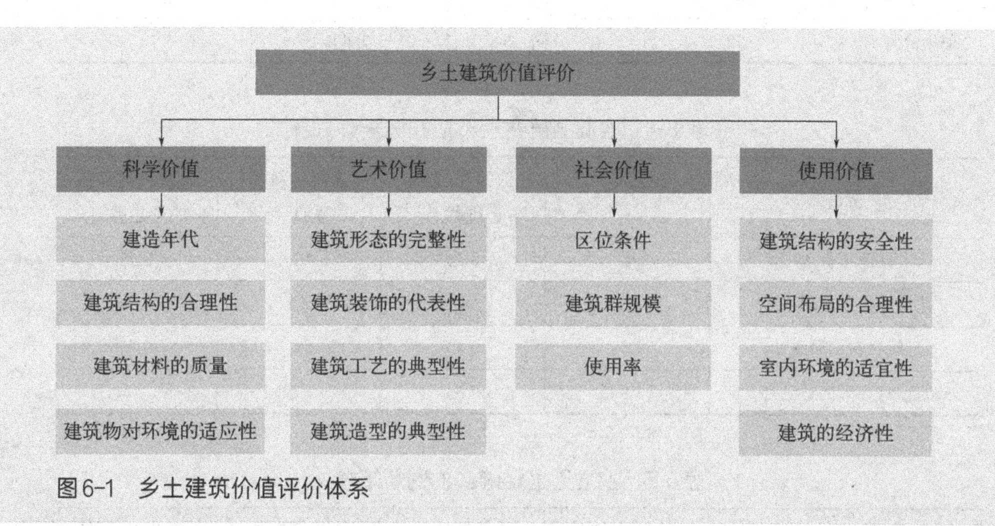

图6-1 乡土建筑价值评价体系

6.2 判断矩阵的构建

在构造判断矩阵前，本研究采取调查问卷的形式，请24位专家对层次结构中各个指标进行重要性的单排序，以便于减小误差，其具体过程如下。

① 列出所有评价因子的判断矩阵表格，按评价因子个数确定表格的列与行数。

② 给每个参与评价者一份上述表格。为了将比较判断定量化，要求每个成员按1～9级标度两两比较，并得出各自的判断矩阵。

③ 把每个成员的表格集中起来，对专家组成员构造的判断矩阵进行加权

平均，得到综合判断矩阵，并将其公布，向全体成员征求意见，直至所有的专家对综合判断矩阵没有意见为止，求得的判断矩阵即为最终判断矩阵。

经过专家打分、数据处理、综合分析，最终构建出各个层次的判断矩阵，如表6-3～表6-7所示。

表6-3 准则层要素的判断矩阵

项目	科学价值A	艺术价值B	社会价值C	使用价值D
科学价值A	1	1.03	0.76	1.73
艺术价值B	0.97	1	0.78	1.67
社会价值C	1.32	1.28	1	2.27
使用价值D	0.58	0.60	0.44	1

表6-4 次准则层要素A_n的判断矩阵

项目	建造年代A_1	建筑结构的合理性A_2	建筑材料的质量A_3	建筑物对环境的适应性A_4
建造年代A_1	1	0.35	0.74	0.55
建筑结构的合理性A_2	2.86	1	2.2	1.59
建筑材料的质量A_3	1.35	0.45	1	0.76
建筑物对环境的适应性A_4	1.82	0.63	1.32	1

表6-5 次准则层要素B_n的判断矩阵

项目	建筑形态的完整性B_1	建筑装饰的代表性B_2	建筑工艺的典型性B_3	建筑造型的典型性B_4
建筑形态的完整性B_1	1	0.75	0.5	0.35
建筑装饰的代表性B_2	1.33	1	0.8	0.46
建筑工艺的典型性B_3	2.00	1.25	1	0.43
建筑造型的典型性B_4	2.86	2.17	2.33	1

表6-6 次准则层要素C_n的判断矩阵

项目	区位条件C_1	建筑群规模C_2	使用率C_3
区位条件C_1	1	1.04	3
建筑群规模C_2	0.96	1	2.8
使用率C_3	0.33	0.36	1

表6-7 次准则层要素D_n的判断矩阵

项目	建筑结构的安全性D_1	空间布局的合理性D_2	室内环境的适宜性D_3	建筑的经济性D_4
建筑结构的安全性D_1	1	1.25	2	2
空间布局的合理性D_2	0.80	1	1.6	1.67
室内环境的适宜性D_3	0.50	0.63	1	1.3
建筑的经济性D_4	0.50	0.60	0.77	1

6.3 元素指标权重的确定

6.3.1 单排序及一致性检验

根据和积法，将每个判断矩阵的特征向量分别计算出来，并计算出一致性指数，结果如表6-8～表6-12所示。

表6-8 准则层指标的计算过程及结果

项目	科学价值A	艺术价值B	社会价值C	使用价值D	W_i
科学价值A	0.258752434	0.263369608	0.254988324	0.259370315	0.25912017
艺术价值B	0.251215956	0.255698649	0.261698543	0.250374813	0.25474699
社会价值C	0.340463729	0.32781878	0.335510952	0.340329835	0.336030824
使用价值D	0.149567881	0.153112963	0.147802182	0.149925037	0.150102016
判断矩阵一致性:	$CR=0.000151544$		$\lambda_{max}=4.00040917$		

注：W_i表示归一化向量值。

表6-9 次准则层要素A_n指标的计算过程及结果

项目	建造年代A_1	建筑结构的合理性A_2	建筑材料的质量A_3	建筑物对环境的适应性A_4	W_i
建造年代A_1	0.142314801	0.143827168	0.140797116	0.141025641	0.141991181
建筑结构的合理性A_2	0.406613717	0.410934765	0.41858602	0.407692308	0.410956703
建筑材料的质量A_3	0.192317299	0.18678853	0.190266373	0.194871795	0.191060999
建筑物对环境的适应性A_4	0.258754184	0.258449538	0.250350491	0.256410256	0.255991117
判断矩阵一致性:	$CR=0.000109799$		$\lambda_{max}=4.000296458$		

表6-10 次准则层要素B_n指标的计算过程及结果

项目	建筑形态的完整性B_1	建筑装饰的代表性B_2	建筑工艺的典型性B_3	建筑造型的典型性B_4	W_i
建筑形态的完整性B_1	0.139072848	0.144957983	0.10809452	0.15625	0.137093838
建筑装饰的代表性B_2	0.185430464	0.193277311	0.172951232	0.205357143	0.189254037
建筑工艺的典型性B_3	0.278145695	0.241596639	0.21618904	0.191964286	0.231973915
建筑造型的典型性B_4	0.397350993	0.420168067	0.502765209	0.446428571	0.44167821
判断矩阵一致性:	$CR=0.008261595$	λ_{max}=4.022306306			

表6-11 次准则层要素C_n指标的计算过程及结果

项目	区位条件C_1	建筑群规模C_2	使用率C_3	W_i
区位条件C_1	0.43575419	0.433849821	0.441176471	0.436926827
建筑群规模C_2	0.418994413	0.41716329	0.411764706	0.415974136
使用率C_3	0.145251397	0.148986889	0.147058824	0.147099036
判断矩阵一致性:	$CR=0.000085$	λ_{max}=3.000098488		

表6-12 次准则层要素D_n指标的计算过程及结果

项目	建筑结构的安全性D_1	空间布局的合理性D_2	室内环境的适宜性D_3	建筑的经济性D_4	W_i
建筑结构的安全性D_1	0.357142857	0.359836242	0.372492837	0.335008375	0.356120078
空间布局的合理性D_2	0.285714286	0.287868994	0.297994269	0.279731993	0.287827386
室内环境的适宜性D_3	0.178571429	0.179918121	0.186246418	0.217755444	0.190622853
建筑的经济性D_4	0.178571429	0.172376643	0.143266476	0.167504188	0.165429684
判断矩阵一致性:	$CR=0.002756847$	λ_{max}=4.007443488			

6.3.2 总排序

利用同一层次中所有层次单排序的结果，就可以计算针对上一层次而言的本层次所有元素的重要性权重值，这就称为层次总排序。层次总排序需要从上到下逐层顺序进行。对于最高层，其层次单排序就是其总排序。

设上一层次（A层）包含A_1, A_2, …，A_m，共m个因素，它们的层次总排序权重分别为a_1，a_2，…，a_m。又设其后的下一层次（B层）包含n个因素B_1，

B_2，…，B_n，它们关于A_j的层次单排序权重分别为b_{1j}，b_{2j}，…，b_{nj}。B层中各因素关于总目标的权重的计算公式如下：

$$b_j = \sum_{j=1}^{m} b_{ij} a_j$$

其中，A_1、A_2、A_3、A_4的计算过程和结果如下：

$$0.26 \times \begin{pmatrix} 0.141 \\ 0.410 \\ 0.191 \\ 0.256 \end{pmatrix} = \begin{pmatrix} 0.036 \\ 0.107 \\ 0.049 \\ 0.068 \end{pmatrix}$$

B_1、B_2、B_3和B_4的计算过程和结果如下：

$$0.25 \times \begin{pmatrix} 0.138 \\ 0.189 \\ 0.232 \\ 0.442 \end{pmatrix} = \begin{pmatrix} 0.035 \\ 0.047 \\ 0.056 \\ 0.11 \end{pmatrix}$$

C_1、C_2、C_3的计算过程和结果如下：

$$0.336 \times \begin{pmatrix} 0.437 \\ 0.416 \\ 0.147 \end{pmatrix} = \begin{pmatrix} 0.150 \\ 0.139 \\ 0.051 \end{pmatrix}$$

D_1、D_2、D_3和D_4的计算过程和结果如下：

$$0.150 \times \begin{pmatrix} 0.356 \\ 0.288 \\ 0.191 \\ 0.165 \end{pmatrix} = \begin{pmatrix} 0.09 \\ 0.044 \\ 0.029 \\ 0.024 \end{pmatrix}$$

判断矩阵的每个因素的权重见表6-13。

表6-13　乡土建筑村落评价指标权重

目标层	准则层	权重	次准则层	权重	总比重
乡土建筑价值评价	科学价值A	0.26	建造年代A_1	0.14	0.036
			建筑结构的合理性A_2	0.41	0.107
			建筑材料的质量A_3	0.19	0.049
			建筑物对环境的适应性A_4	0.26	0.068

续表

目标层	准则层	权重	次准则层	权重	总比重
乡土建筑价值评价	艺术价值B	0.25	建筑形态的完整性B_1	0.14	0.035
			建筑装饰的代表性B_2	0.19	0.047
			建筑工艺的典型性B_3	0.23	0.056
			建筑造型的典型性B_4	0.44	0.11
	社会价值C	0.34	区位条件C_1	0.44	0.150
			建筑群规模C_2	0.41	0.139
			使用率C_3	0.15	0.051
	使用价值D	0.15	建筑结构的安全性D_1	0.36	0.09
			空间布局的合理性D_2	0.29	0.044
			室内环境的适宜性D_3	0.19	0.029
			建筑的经济性D_4	0.16	0.024

6.3.3 评价标准的制定

根据李克特量表的评价结果，将其分为5个层次，对应不同的评价要素，制定具体的评价标准。建造年代（A_1）根据地坑窑的建造时间划分，建筑群规模（C_2）根据单位面积地坑窑的数量划分，使用率（C_3）根据现有地坑窑的使用状况划分。其他要素根据差异的程度进行划分，如表6-14所示。

表6-14　评价标准

评价要素		评价标准				
		5	4	3	2	1
科学价值A	建造年代A_1	1644年以前	1644～1912年	1912～1949年	1949～1980年	1980年后
	建筑结构的合理性A_2	很好	好	一般	差	很差
	建筑材料的质量A_3	很好	好	一般	差	很差
	建筑物对环境的适应性A_4	很好	好	一般	差	很差
艺术价值B	建筑形态的完整性B_1	很好	好	一般	差	很差
	建筑装饰的代表性B_2	很好	好	一般	差	很差

续表

评价要素		评价标准				
		5	4	3	2	1
艺术价值 B	建筑工艺的典型性 B_3	很好	好	一般	差	很差
	建筑造型的典型性 B_4	很好	好	一般	差	很差
社会价值 C	区位条件 C_1	交通条件很好	交通条件好	交通条件一般	交通条件差	交通条件很差
	建筑群规模 C_2	＞5个/hm^2	3~5个/hm^2	1~3个/hm^2	0.5~1个/hm^2	0.5个/hm^2
	使用率 C_3	70%以上	40%～70%	20%～40%	5%~20%	少于5%
使用价值 D	建筑结构的安全性 D_1	很好	好	一般	差	很差
	空间布局的合理性 D_2	很合理	合理	一般	不合理	很不合理
	室内环境的适宜性 D_3	很好	好	一般	差	很差
	建筑的经济性 D_4	造价很低	造价低	造价一般	造价高	造价很高

6.4 村庄评价与分析

根据评价标准（表6-14），由24名专家对10个村庄进行评分。共发出240份评分表格，收回240份，所有评分表格均有效。评价结果统计量的计算方法如下。

将次准则层各要素的得分（专家给出的评分）取平均值。准则层的得分是通过次准则层各要素权重的乘积积累起来的。将准则层得分乘以权重得到目标层的得分，即综合得分。

（1）10个村庄次准则层要素的分析

表6-15中的统计结果表明，在建造年代（A_1）方面，刘寺村得分最高（4.1），官寨头村得分最低（2.2）。这主要是因为刘寺村历史比较悠久，刘寺村现有的235座地坑窑中，62座建于清代，28座建于新中国成立后，所以保存下来的地坑窑有比较丰富的历史。在建筑结构的合理性（A_2）方面，庙上村（4.1）、神垕村（4.1）和魏井村（4.09）得分较高，它们的建筑都是地坑窑、砖石建筑和独立式窑洞住宅的代表，在建筑结构方面能够充分反映各自建筑类型的特点。庙上村和北营村由于旅游业的发展，村庄中的一些地坑窑得到了改

表6-15　10个村庄次准则层各要素得分

准则层	次准则层	庙上村	官寨头村	曲村	刘寺村	窑底村	北营村	天硐村	魏井村	浅井村	神垕村
		专家评分（加权得分）	专家评分（加权得分）	专家评分（加权得分）	专家评分（加权得分）	专家评分（加权得分）	专家评分（加权得分）	专家评分（加权得分）	专家评分（加权得分）	专家评分（加权得分）	专家评分（加权得分）
科学价值A	建造年代A_1	2.8(0.101)	2.2(0.079)	2.3(0.083)	4.1(0.148)	3.6(0.130)	2.8(0.101)	3.4(0.1224)	3.2(0.1152)	3.9(0.104)	3.5(0.126)
	建筑结构的合理性A_2	4.1(0.439)	2.7(0.289)	2.8(0.300)	2.8(0.300)	3.1(0.332)	3.8(0.407)	3.8(0.4066)	4.09(0.4387)	3.8(0.4066)	4.1(0.439)
	建筑材料的质量A_3	3.6(0.176)	3.8(0.186)	3.7(0.181)	3.6(0.176)	3.9(0.191)	3.7(0.181)	4.1(0.2009)	4.1(0.2009)	3.9(0.191)	4.2(0.205)
	建筑物对环境的适应性A_4	3.3(0.224)	3.2(0.218)	2.9(0.197)	3.9(0.265)	3.1(0.211)	3.9(0.265)	3.5(0.238)	3.5(0.238)	3.6(0.2448)	3.2(0.218)
艺术价值B	建筑形态的完整性B_1	3.8(0.133)	2.1(0.074)	3.2(0.112)	2.3(0.081)	3(0.105)	3.1(0.109)	3.6(0.126)	3.4(0.119)	2.8(0.098)	3.2(0.112)
	建筑装饰的代表性B_2	4.1(0.193)	2.2(0.103)	3(0.141)	2.2(0.103)	2.7(0.127)	3.7(0.174)	3.1(0.1457)	2.8(0.1316)	2.7(0.1269)	2.5(0.1175)
	建筑工艺的典型性B_3	4.2(0.244)	3.0(0.174)	2.1(0.122)	3.1(0.180)	4.1(0.238)	3.5(0.203)	3.0(0.174)	2.9(0.1682)	2.2(0.1276)	2.7(0.1856)
	建筑造型的典型性B_4	3.2(0.352)	4.1(0.451)	2.3(0.253)	3.0(0.33)	2.2(0.242)	3.6(0.396)	2.9(0.319)	2.8(0.308)	2.5(0.275)	3.2(0.352)

续表

准则层	次准则层	庙上村	官寨头村	曲村	刘寺村	窑底村	北营村	天硐村	魏井村	浅井村	神垕村
		专家评分（加权得分）	专家评分（加权得分）	专家评分（加权得分）	专家评分（加权得分）	专家评分（加权得分）	专家评分（加权得分）	专家评分（加权得分）	专家评分（加权得分）	专家评分（加权得分）	专家评分（加权得分）
社会价值 C	区位条件 C_1	3.5(0.525)	2.4(0.36)	2.8(0.42)	2.9(0.435)	3.1(0.465)	3.7(0.555)	1.3(0.195)	1.6(0.24)	2.9(0.435)	3.8(0.57)
	建筑群规模 C_2	3.2(0.445)	3.6(0.500)	3.1(0.431)	2.1(0.292)	2.8(0.389)	4.1(0.570)	3.7(0.5143)	3.6(0.500)	3.2(0.445)	2.9(0.4031)
	使用率 C_3	2.7(0.138)	3.3(0.168)	3.0(0.153)	3.1(0.158)	3.9(0.1989)	2.9(0.148)	3.9(0.1989)	4.2(0.2142)	4.1(0.2091)	4.4(0.2244)
使用价值 D	建筑结构的安全性 D_1	3.8(0.205)	3.0(0.162)	2.9(0.156)	3.7(0.200)	2.6(0.140)	3.7(0.200)	3.5(0.189)	3.3(0.2052)	3.1(0.1674)	3.8(0.205)
	空间布局的合理性 D_2	3.6(0.15)	2.2(0.097)	1.7(0.075)	3.1(0.136)	2.2(0.097)	3.8(0.167)	3.3(0.1452)	3.1(0.136)	4.1(0.1804)	4.2(0.1848)
	室内环境的适宜性 D_3	4.2(0.122)	2.7(0.078)	3.9(0.113)	2.8(0.081)	3.1(0.090)	3.9(0.113)	3.4(0.1102)	3.2(0.0928)	2.3(0.0667)	2.9(0.0841)
	建筑的经济性 D_4	2.3(0.055)	3.1(0.074)	2.7(0.065)	2.6(0.062)	2.2(0.0528)	3.0(0.072)	2.2(0.0528)	2.1(0.0504)	3.1(0.074)	3.3(0.0792)

造和加固，一些破损的建筑得到了修复，一些用于游览，一些用于家庭旅游。在建筑材料的质量（A_3）方面，神垕村得分最高（4.2），天硐村和魏井村是第二高（4.1）。在建筑物对环境的适应性（A_4）方面，北营村和刘寺村得分最高（3.9），两村地坑窑数量相对较多，地坑窑外部环境没有受到破坏，并且新建的砖石建筑也远离地坑窑群，地坑窑环境较好。

在建筑形态的完整性（B_1）中，庙上村得分最高（3.8），其次是天硐村（3.6）。这两个村落基本上是一体连贯的，历史村落的环境特征隐约可见。在具有建筑装饰的代表性（B_2）中，庙上村得分最高（4.1），其次是北营村（3.7）。北营村的窑洞虽然大多是传统的改建，但也有一些窑洞是为了适应旅游业发展的需要而修建的，不再是传统的布局方式。庙上村的地坑窑基本保持了原有的特色，因此历史再现性更强。庙上村建筑工艺的典型性（B_3）最高（4.2），其次是窑底村（4.1）。由于旅游需要，自2000年以来，两村相继开始保护和修缮地坑窑，基本保留了其传统工艺。在建筑造型的典型性（B_4）上，官寨头村得分最高（4.1），现在该村保留的地坑窑最多，因此保存类型比其他村庄更丰富。

在区位条件（C_1）方面，神垕村得分最高（3.8），其次是北营村（3.7）。神垕村以制作陶瓷而闻名。北营村距离城市只有30分钟车程，而其他村庄距离城市很远，交通状况普遍很差。北营村在建筑群规模（C_2）评分中得分最高（4.1），由于旅游区的建设，该村有一个集中布置的坑窑群落。使用率（C_3）最高的是神垕村（4.4），所有砖石建筑物均用作住宅或商业。

庙上村和神垕村的建筑结构安全性（D_1）最高（3.8），其次是北营村和刘寺村（3.7）。这主要是由于这几个村庄经常进行建筑保养，以满足旅游和住宅的需要。在空间布局合理性（D_2）方面，神垕村得分最高（4.2），其次是浅井村（4.1）。庙上村的室内环境适宜度（D_3）最高（4.2）。在建筑经济性（D_4）方面，神垕村得分较高（3.3），而天硐村（2.2）、窑底村（2.2）和魏井村（2.1）得分较低。

（2）10个村庄准则层要素的分析

科学价值得分由A_1、A_2、A_3和A_4的总和得出。其中，魏井村最高（0.9928），曲村最低（0.7609）。艺术价值得分由B_1、B_2、B_3和B_4的总和得出。其中，庙上村最高（0.9213），浅井村最低（0.6275）。社会价值得分由C_1、C_2和C_3的总和得出。其中，北营村最高（1.27），刘寺村最低（0.885）。使用值得分由D_1、D_2、D_3和D_4之和获得。其中，神垕村最高（0.5533），窑底村最低（0.378）（表6-16）。

在此基础上，得出十个村庄的最终价值得分（表6-17），从高到低依次为：北营村（3.66）、庙上村（3.51）、神垕村（3.470）、浅井村（3.188）、魏井村（3.132）、天硐村（3.126）、官寨头村（3.014）、窑底村（3.008）、刘寺村（2.947）、曲村（2.802）。

表6-16 准则层要素的得分

准则层要素	庙上村	官寨头村	曲村	刘寺村	窑底村	北营村	天硐村	魏井村	浅井村	神屋村
$A(A_1+A_2+A_3+A_4)$	0.9403	0.7719	0.7609	0.888	0.863	0.9539	0.9679	0.9928	0.9829	0.9881
$B(B_1+B_2+B_3+B_4)$	0.9213	0.802	0.628	0.6393	0.711	0.88	0.7647	0.7268	0.6275	0.7311
$C(C_1+C_2+C_3)$	1.1075	1.029	1.00	0.885	1.053	1.27	0.9082	0.9546	1.0889	1.1975
$D(D_1+D_2+D_3+D_4)$	0.54	0.411	0.409	0.479	0.378	0.552	0.4856	0.4578	0.4889	0.5533

表6-17 各村庄评价总得分

目标	庙上村	官寨头村	曲村	刘寺村	窑底村	北营村	天硐村	魏井村	浅井村	神屋村
建筑价值评价目标得分	3.51	3.014	2.802	2.947	3.008	3.66	3.126	3.132	3.188	3.470

6.5 不同类型建筑的价值比较

如表6-18所示的建筑分布情况，这10个村庄按其建筑类别可分为三类：地坑窑村、独立式窑洞村和砖石建筑村。

表6-18 各类建筑的分布

建筑类型	村名
地坑窑	庙上村，官寨头村，曲村，刘寺村，窑底村，北营村
独立式窑洞	天硐村，魏井村
砖石建筑	浅井村，神屋村

准则层和次准则层各要素的价值是每种建筑类型下所有村庄的平均价值。结果如表6-19、表6-20所示。

表6-19 三类建筑次准则层要素的评价结果

准则层要素	次准则要素	地坑窑	独立式窑洞	砖石建筑
		专家评分（加权得分）	专家评分（加权得分）	专家评分（加权得分）
科学价值A	建造年代A_1	2.967（0.107）	3.30 (0.119)	3.70（0.133）
	建筑结构的合理性A_2	3.217（0.344）	3.95（0.423）	3.95（0.423）
	建筑材料的质量A_3	3.717（0.182）	4.10（0.201）	4.05（0.198）
	建筑物对环境的适应性A_4	3.383（0.230）	3.50（0.238）	3.40（0.231）
艺术价值B	建筑形态的完整性B_1	2.917（0.102）	3.50（0.123）	2.90（0.102）
	建筑装饰的代表性B_2	2.983（0.140）	2.95（0.139）	2.60（0.122）
	建筑工艺的典型性B_3	3.333（0.193）	2.95（0.171）	2.45（0.142）
	建筑造型的典型性B_4	3.067（0.337）	2.85（0.314）	2.85（0.314）
社会价值C	区位条件C_1	3.067（0.460）	1.45（0.218）	3.35（0.503）
	建筑群规模C_2	3.150（0.438）	3.65（0.507）	3.05（0.424）
	使用率C_3	3.150（0.161）	4.05（0.207）	4.25（0.217）
使用价值D	建筑结构的安全性D_1	3.283（0.177）	3.40（0.184）	3.45（0.186）
	空间布局的合理性D_2	2.767（0.122）	3.20（0.141）	4.15（0.183）
	室内环境的适宜性D_3	3.433（0.100）	3.30（0.096）	2.60（0.075）
	建筑的经济性D_4	2.650（0.064）	2.15（0.052）	3.20（0.077）

（1）三类建筑次准则层要素的分析

表6-19的统计结果表明，从建造年代（A_1）分析，砖石建筑得分最高（3.7），地坑窑得分最低（2.967）。由于砖石建筑的2个村庄全部是清代（公元1644～1912年）就已经存在的，而地坑窑的建造年代中，清代占50%，民国时期（公元1912～1949年）和中华人民共和国成立后（公元1949年后）占50%。在建筑结构的合理性（A_2）方面，独立式窑洞和砖石结构的得分最高（3.95），而地坑窑的得分最低（3.217）。从建筑结构的发展历史来看，地坑窑的拱形结构应该有较长的历史。随着新材料的出现，梁柱等新形式开始出现，更复杂的施工方法也被引入。此外，还有许多村庄地坑窑残破，结构破坏严重。在建筑材料的质量（A_3）中，独立式窑洞得分最高（4.10），其次是砖石建筑（4.05），地坑窑最低（3.717）。独立式窑洞的建筑材料以石材为主，砌筑材料以砖、石、木为主，地坑窑的建筑材料以黄土为主，就质量而言，石头和木头都比黄土好。在建筑物对环境的适应性（A_4）方面，独立式窑洞得分最高

(3.50)，其次是砖石建筑（3.40）和地坑窑（3.383）。独立式窑洞历史悠久，不易被破坏，而且建在山上，与自然环境有较好的协调性。

在建筑形态的完整性（B_1）中，独立式窑洞住宅得分最高（3.50），其次是地坑窑（2.917）和砖石建筑（2.90）。独立式窑洞多建在山上，建造年代相近，建筑形象和谐。但是，另外两类建筑大多建在平原上，由于新建的建筑较多，建筑的完整性被破坏。在建筑装饰的代表性（B_2）中，地坑窑最高（2.983），其次是独立式窑洞（2.95）和砖石建筑（2.60）。豫西地坑窑是中国分布较为集中的建筑形式，具有较强的代表性，而独立式窑洞在一些山区分布较为广泛，梁柱砖石建筑分布较为广泛，二者代表性不明显。在建筑工艺的典型性（B_3）中，地坑窑最高（3.333），其次是独立式窑洞（2.95）和砖石建筑（2.45）。同时，在建筑造型的典型性（B_4）中，地坑窑也是最高的（3.067），独立式窑洞和砖石建筑的得分均为2.85。

就区位条件（C_1）而言，砖石建筑得分最高（3.35），而独立式窑洞得分最低（1.45）。由于独立式窑洞都建在山上，位置偏远，交通不便，因此区位条件较差。独立式窑洞的建筑群规模（C_2）得分最高（3.65），这与建筑形态的完整性（B_1）有关。独立式窑洞损坏较少，基本保持完好。砖石建筑使用率（C_3）最高（4.25），地坑窑使用率最低（3.150）。由于许多地坑窑已被废弃，而平原上的砖石建筑因其地理位置而被用于居住或商业，所以其建筑结构的安全性（D_1）最高（3.45）。其次是独立式窑洞（3.40），这主要是由于它们结构良好，易于维修和拆卸，能很好地防止危险。其建筑结构的优越性还体现在它能更合理地划分空间，满足使用要求。在空间布局的合理性（D_2）方面，砖石建筑最高（4.15），地坑窑最低（2.767）。室内环境的适宜性（D_3）得分最高的是地坑窑（3.433），这与居民调查的结果相一致。窑洞具有冬暖夏凉的良好室内温度条件，因此地坑窑和独立式窑洞的得分较高。砖石建筑由于易于建造、改造和拆除，因此其建筑的经济性（D_4）得分最高（3.20），最不易建造的是独立式窑洞，其经济性最低（2.15）。

（2）三类建筑准则层要素的分析

科学价值得分由A_1、A_2、A_3和A_4的总和得出。其中，砖石建筑最高（0.986），地坑窑最低（0.863）。艺术价值得分是由B_1、B_2、B_3和B_4的总和得出的。其中，地坑窑最高（0.773），砖石建筑最低（0.679）。社会价值得分是由C_1、C_2和C_3的总和得到的。其中砖石建筑最高（1.143），独立式窑洞最低（0.931）。使用价值得分由D_1、D_2、D_3和D_4之和得出。其中，砖石建筑最高（0.521），地坑窑最低（0.462）（表6-20）。

在此基础上，可以得到三类建筑评价的最终值，如表6-21所示，即砖石建筑（3.329），独立式窑洞（3.129），地坑窑（3.157）。

表6-20 三类建筑准则层要素的评价结果

准则层要素	地坑窑	独立式窑洞	砖石建筑
科学价值*A*	0.863	0.980	0.986
艺术价值*B*	0.773	0.746	0.679
社会价值*C*	1.059	0.931	1.143
使用价值*D*	0.462	0.472	0.521

表6-21 最终目标评价结果

评价目标	地坑窑	独立式窑洞	砖石建筑
建筑价值评价	3.157	3.129	3.329

7 乡土建筑再利用方式的评价

在调研中发现，三类建筑都面临凋敝和废弃的局面，尤其是地坑窑和独立式窑洞都有大量的废弃房屋，即使没有废弃，居住者也大都是老年人。所以针对如何利用这些建筑包括废弃建筑，本研究分别对三类建筑的发展途径进行调研，通过对270名村民和24位专家进行问卷调研，征求大家的建议，得出的总体看法是要根据乡村建筑的各自条件，分门别类地制订计划：一是对已经坍塌或破损严重的建筑进行拆除，二是对于建筑结构完整、修葺后仍可利用的，可改造其内部环境，进行功能调整。房屋的发展方式归纳如表7-1。

表7-1　旧建筑的发展方向

旧房屋发展途径		建筑现状
拆除		已经坍塌
保护		历史悠久，保存完整
再利用	居住用	结构安全，生活设施改善后能够方便居民生活
	其他功能	建筑结构安全，可以满足改造要求

7.1 建筑物再利用方式层次模型的建立

旧房再利用的方式是本书重点研究的内容。首先对专家和居民进行问卷调研，征求他们对于再利用方式的意见，把这些意见汇总后，共有12种。再把这12种建议进行归类，可以分为三大类：公共服务型、盈利型和社会型（表7-2）。

表7-2　旧建筑物再利用方式分类

类别	目标	子项目	活动内容
公共服务型	增加村庄活力，完善生活服务	文化公共空间	交流、文化学习聚会、民主讨论
		老年人福利场所	养老场所
		少儿福利场所	幼儿园、交流、文化学习
		村民娱乐空间	室内身体锻炼、健身
盈利型	带动和发展乡村经济	民宿、餐饮店	参观住宿、餐饮
		饲养	牲畜饲养
		储存、栽培	蔬菜食品的储存、栽培
		出租	出租给城市人进行居住

续表

类别	目标	子项目	活动内容
社会型	服务社会，扩大乡土建筑的文化宣传和文化教育	文化展览	提供文化展览
		民俗体验	进行民俗文化体验
		科研服务	提供科学研究与考察场地
		会议服务	提供宴会、会议设施

如图7-1所示，完整的层次分析模型是一个层次结构，它由几个主要部分组成：目标层、准则层、次准则层。第一个层次是目标层，即对乡土建筑再利用方法的评价。第二个层次的准则层是评价指标，包括公共服务型、盈利型和社会型。在第三层次的次准则层中，公共服务型由文化公共空间、老年人福利场所、少儿福利场所、村民娱乐空间4个要素组成，盈利型由民宿、餐饮店，饲养，储存、栽培，出租4个要素组成，社会型由文化展览、民俗体验、科研服务、会议服务4个要素组成。

根据层级分析法的方法和评估模型，对每一层次指标的重要性进行排序。最后，对三个建筑物的不同再利用方式进行总排序，具体过程如下。

① 列出所有评价因子的判断矩阵表，并根据评价因子的数目确定表中的列和行数。

② 给每位参加者一份上表。为了量化比较判断结果，每个成员需要根据1～9级标度两两比较，得到自己的判断矩阵。

③ 收集每名成员的表格，并将判断矩阵进行加权平均，发布给所有成员，以征询意见，直至所有专家对综合判断矩阵没有意见为止。

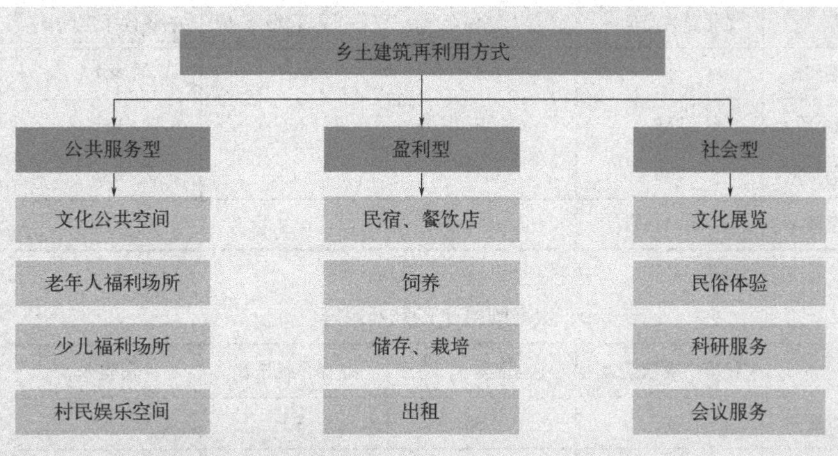

图7-1 建筑再利用层次分析模型

④ 进行单一排序及一致性检查。根据和积法，分别计算每个判断矩阵的特征矢量，并计算一致性指数，得出结果。

⑤ 利用同一水平中所有层次单排序结果，计算该层次的所有要素对上一层次的重要性权重值，即层次的总排序。层次的总排序需要按照从顶层到底层的顺序逐层进行。

7.2 地坑窑再利用方式的选择

7.2.1 地坑窑再利用方式评价指标权重的确定

根据24位专家的评分，分别建立准则层矩阵（表7-3）和次准则层矩阵（表7-4 ～表7-6）。

表7-3 准则层要素的判断矩阵

项目	公共服务型*A*	盈利型*B*	社会型*C*
公共服务型*A*	1	0.68	0.62
盈利型*B*	1.47	1	0.81
社会型*C*	1.61	1.23	1

表7-4 次准则层A_n的判断矩阵

项目	文化公共空间A_1	老年人福利场所A_2	少儿福利场所A_3	村民娱乐空间A_4
文化公共空间A_1	1	0.53	0.67	0.9
老年人福利场所A_2	1.89	1	1.2	1.35
少儿福利场所A_3	1.49	0.83	1	1.3
村民娱乐空间A_4	1.11	0.74	0.77	1

表7-5 次准则层B_n的判断矩阵

项目	民宿、餐饮店B_1	饲养B_2	储存、栽培B_3	出租B_4
民宿、餐饮店B_1	1	1.48	3.2	1.2
饲养B_2	0.67	1	0.8	0.87

续表

项目	民宿、餐饮店 B_1	饲养 B_2	储存、栽培 B_3	出租 B_4
储存、栽培 B_3	0.31	1.25	1	0.78
出租 B_4	0.83	1.15	1.28	1

表7-6　次准则层 C_n 的判断矩阵

项目	文化展览 C_1	民俗体验 C_2	科研服务 C_3	会议服务 C_4
文化展览 C_1	1	0.65	0.54	1.1
民俗体验 C_2	1.54	1	1.5	2.1
科研服务 C_3	1.85	0.67	1	1.35
会议服务 C_4	0.91	0.48	0.74	1

7.2.2 地坑窑再利用方式各要素比重计算

（1）各判断矩阵的一致性检验

根据和积法，分别计算每个判断矩阵的特征矢量，并计算一致性指数，结果显示在表7-7～表7-10中。

表7-7　准则层矩阵的计算过程及结果

项目	公共服务型 A	盈利型 B	社会型 C	W_i
公共服务型 A	0.244888476	0.233310742	0.255144033	0.245
盈利型 B	0.360130112	0.343104033	0.333333333	0.345
社会型 C	0.394981413	0.423585225	0.411522634	0.410
判断矩阵一致性:	$CR=0.001341791$	$\lambda_{max}=3.001556478$		

表7-8　次准则层 A_n 的判断矩阵的计算过程与结果

项目	文化公共空间 A_1	老年人福利场所 A_2	少儿福利场所 A_3	村民娱乐空间 A_4	W_i
文化公共空间 A_1	0.182134736	0.170743348	0.18410484	0.197802198	0.184
老年人福利场所 A_2	0.343650445	0.32215726	0.329740013	0.296703297	0.323
少儿福利场所 A_3	0.27184289	0.268464384	0.274783344	0.285714286	0.275
村民娱乐空间 A_4	0.202371929	0.238635008	0.211371803	0.21978022	0.218
判断矩阵一致性:	$CR=0.00179122$	$\lambda_{max}=4.004836295$			

表7-9　次准则层B_n的判断矩阵的计算过程与结果

项目	民宿、餐饮店B_1	饲养B_2	储存、栽培B_3	出租B_4	W_i
民宿、餐饮店B_1	0.354420275	0.30331441	0.509387755	0.311688312	0.370
饲养B_2	0.239473159	0.204942169	0.127346939	0.225974026	0.199
储存、栽培B_3	0.110756336	0.256177711	0.159183673	0.202597403	0.182
出租B_4	0.295350229	0.235565711	0.204081633	0.25974026	0.249
判断矩阵一致性:	$CR=$ 0.038681405	$\lambda_{max}=4.104439793$			

表7-10　次准则层C_n的判断矩阵的计算过程与结果

项目	文化展览C_1	民俗体验C_2	科研服务C_3	会议服务C_4	W_i
文化展览C_1	0.188700455	0.232736573	0.142829154	0.198198198	0.191
民俗体验C_2	0.290308392	0.358056266	0.396747649	0.378378378	0.356
科研服务C_3	0.349445286	0.238704177	0.264498433	0.243243243	0.274
会议服务C_4	0.171545868	0.170502984	0.195924765	0.18018018	0.179
判断矩阵一致性:	$CR=$ 0.013195452	$\lambda_{max}=4.035627721$			

（2）总体排序

计算地坑窑再利用方式中所有要素的权重。

其中，A_1、A_2、A_3、A_4的计算过程和结果如下：

$$0.245\times\begin{pmatrix}0.184\\0.323\\0.275\\0.218\end{pmatrix}=\begin{pmatrix}0.045\\0.079\\0.067\\0.053\end{pmatrix}$$

B_1、B_2、B_3和B_4的计算过程和结果如下：

$$0.345\times\begin{pmatrix}0.370\\0.199\\0.182\\0.249\end{pmatrix}=\begin{pmatrix}0.128\\0.069\\0.063\\0.086\end{pmatrix}$$

C_1、C_2、C_3、C_4的计算过程和结果如下：

$$0.410\times\begin{pmatrix}0.191\\0.356\\0.274\\0.179\end{pmatrix}=\begin{pmatrix}0.078\\0.146\\0.112\\0.074\end{pmatrix}$$

7.2.3 地坑窑再利用方式评价结果分析

表7-11显示了地坑窑再利用方式重要性的评价结果。总排序第一的是社会型中的民俗体验C_2（0.146），第二是盈利型中的民宿、餐饮店B_1（0.128），第三是社会型中的科研服务C_3（0.112），第四是盈利型中的出租B_4（0.086），公共服务型中的文化公共空间A_1（0.045）排名最后。准则层中从高到低依次为社会型（0.410）、盈利型（0.345）和公共服务型（0.245）。公共服务型中项目要素的排序依次为：老年人福利场所A_2（0.323）、少儿福利场所A_3（0.275）、村民娱乐空间A_4（0.218）、文化公共空间A_1（0.184）。盈利型下每个项目元素的顺序是民宿、餐饮店B_1（0.370），出租B_4（0.249），饲养B_2（0.199），储存、栽培B_3（0.182）。社会类型中项目要素的排序依次为民俗体验C_2（0.356）、科研服务C_3（0.274）、文化展览C_1（0.191）、会议服务C_4（0.179）。

表7-11 地坑窑再利用方式中各要素的权重

准则层	权重	排序	次准则层	权重	排序	合计比重	总排序
公共服务型A	0.245	3	文化公共空间A_1	0.184	4	0.045	12
			老年人福利场所A_2	0.323	1	0.079	5
			少儿福利场所A_3	0.275	2	0.067	9
			村民娱乐空间A_4	0.218	3	0.053	11
盈利型B	0.345	2	民宿、餐饮店B_1	0.370	1	0.128	2
			饲养B_2	0.199	3	0.069	8
			储存、栽培B_3	0.182	4	0.063	10
			出租B_4	0.249	2	0.086	4
社会型C	0.410	1	文化展览C_1	0.191	3	0.078	6
			民俗体验C_2	0.356	1	0.146	1
			科研服务C_3	0.274	2	0.112	3
			会议服务C_4	0.179	4	0.074	7

7.3 独立式窑洞再利用方式的选择

7.3.1 独立式窑洞再利用方式评价指标权重的确定

根据24位专家的评分分别建立准则层矩阵（表7-12）和次准则层矩阵（表7-13～表7-15）。

表7-12　准则层要素的判断矩阵

项目	公共服务型A	盈利型B	社会型C
公共服务型A	1	1.19	1.38
盈利型B	0.840336134	1	1.3
社会型C	0.724637681	0.769230769	1

表7-13　次准则层A_n的判断矩阵

项目	文化公共空间A_1	老年人福利场所A_2	少儿福利场所A_3	村民娱乐空间A_4
文化公共空间A_1	1	0.65	0.71	0.89
老年人福利场所A_2	1.538461538	1	1.81	1.73
少儿福利场所A_3	1.408450704	0.552486188	1	1.35
村民娱乐空间A_4	1.123595506	0.578034682	0.740740741	1

表7-14　次准则层B_n的判断矩阵

项目	民宿、餐饮店B_1	饲养B_2	储存、栽培B_3	出租B_4
民宿、餐饮店B_1	1	3.1	1.89	1.1
饲养B_2	0.322580645	1	0.9	0.9
储存、栽培B_3	0.529100529	1.111111111	1	0.8
出租B_4	0.909090909	1.111111111	1.25	1

表7-15　次准则层C_n的判断矩阵

项目	文化展览C_1	民俗体验C_2	科研服务C_3	会议服务C_4
文化展览C_1	1	0.89	1.2	1.1
民俗体验C_2	1.123595506	1	0.7	0.86

续表

项目	文化展览 C_1	民俗体验 C_2	科研服务 C_3	会议服务 C_4
科研服务 C_3	0.833333333	1.428571429	1	1.3
会议服务 C_4	0.909090909	1.162790698	0.769230769	1

7.3.2 独立式窑洞再利用方式各要素比重计算

（1）各判断矩阵的一致性检验

根据和积法，分别计算每个判断矩阵的特征矢量，并计算一致性指数，结果如表7-16～表7-19所示。

表7-16 准则层矩阵的计算过程及结果

项目	公共服务型 A	盈利型 B	社会型 C	W_i
公共服务型 A	0.389867528	0.402131531	0.375	0.389
盈利型 B	0.327619771	0.337925656	0.35326087	0.340
社会型 C	0.282512701	0.259942813	0.27173913	0.271
判断矩阵一致性:	$CR=0.001250108$	$\lambda_{max}=3.001450126$		

表7-17 次准则层 A_n 的判断矩阵的计算过程与结果

项目	文化公共空间 A_1	老年人福利场所 A_2	少儿福利场所 A_3	村民娱乐空间 A_4	W_i
文化公共空间 A_1	0.197218908	0.23376915	0.166637691	0.179074447	0.194
老年人福利场所 A_2	0.303413704	0.359644846	0.424808762	0.348088531	0.359
少儿福利场所 A_3	0.27777311	0.19869881	0.234700974	0.271629779	0.246
村民娱乐空间 A_4	0.221594278	0.207887194	0.173852573	0.201207243	0.201
判断矩阵一致性:	$CR=0.01009021$	$\lambda_{max}=3.001450126$			

表7-18 次准则层 B_n 的判断矩阵的计算过程与结果

项目	民宿、餐饮店 B_1	饲养 B_2	储存、栽培 B_3	出租 B_4	W_i
民宿 、餐饮店 B_1	0.362217514	0.490333919	0.375	0.289473684	0.379
饲养 B_2	0.116844359	0.158172232	0.178571429	0.236842105	0.173
储存、栽培 B_3	0.191649478	0.175746924	0.198412698	0.210526316	0.194
出租 B_4	0.329288649	0.175746924	0.248015873	0.263157895	0.254
判断矩阵一致性:	$CR=0.027461159$	$\lambda_{max}=4.074145128$			

表7-19　次准则层C_n的判断矩阵的计算过程与结果

项目	文化展览C_1	民俗体验C_2	科研服务C_3	会议服务C_4	W_i
文化展览C_1	0.258663966	0.198600331	0.327044025	0.258215962	0.260
民俗体验C_2	0.290633669	0.223146439	0.190775681	0.201877934	0.227
科研服务C_3	0.215553305	0.318780627	0.272536688	0.305164319	0.278
会议服务C_4	0.23514906	0.259472603	0.209643606	0.234741784	0.235
判断矩阵一致性:	$CR=0.015993808$		$\lambda_{max}=4.043183282$		

（2）综合排序

计算独立式窑洞再利用方法的合计权重。

其中，A_1、A_2、A_3、A_4的计算过程和结果如下：

$$0.389\times\begin{pmatrix}0.194\\0.359\\0.246\\0.201\end{pmatrix}=\begin{pmatrix}0.076\\0.139\\0.096\\0.201\end{pmatrix}$$

B_1、B_2、B_3和B_4的计算过程和结果如下：

$$0.340\times\begin{pmatrix}0.379\\0.173\\0.194\\0.254\end{pmatrix}=\begin{pmatrix}0.129\\0.059\\0.066\\0.086\end{pmatrix}$$

C_1、C_2、C_3和C_4的计算过程和结果如下：

$$0.271\times\begin{pmatrix}0.260\\0.227\\0.278\\0.235\end{pmatrix}=\begin{pmatrix}0.070\\0.062\\0.075\\0.064\end{pmatrix}$$

7.3.3 独立式窑洞再利用方式评价结果分析

独立式窑洞再利用方式的重要性和评价结果的排序见表7-20。总排序第一的是公共服务型中的老年人福利场所（0.139），第二是盈利型中的民宿、餐饮店（0.129），第三是公共服务型中的少儿福利场所（0.096），第四是盈利型中的出租（0.086），饲养（0.059）是排名最后的。独立式窑洞再利用评价类型权重的排序从高到低依次为公共服务型（0.389）、盈利型（0.340）和社会型

（0.271）。公共服务类型项目要素排序依次为老年人福利场所（0.359）、少儿福利场所（0.246）、村民娱乐空间（0.201）、文化公共空间（0.194）。盈利型中的项目元素顺序是民宿、餐饮店（0.379），出租（0.254），储存、栽培（0.194），饲养（0.173）。社会型中的次准则要素排序依次为科研服务（0.278）、文化展览（0.260）、会议服务（0.235）、民俗体验（0.227）。

表7-20 独立式窑洞再利用方式中各要素的权重

准则层	权重	排序	次准则层	权重	排序	合计比重	总排序
公共服务型A	0.389	1	文化公共空间A_1	0.194	4	0.076	7
			老年人福利场所A_2	0.359	1	0.139	1
			少儿福利场所A_3	0.246	2	0.096	3
			村民娱乐空间A_4	0.201	3	0.078	5
盈利型B	0.340	2	民宿 、餐饮店B_1	0.379	1	0.129	2
			饲养B_2	0.173	4	0.059	12
			储存、栽培B_3	0.194	3	0.066	9
			出租B_4	0.254	2	0.086	4
社会型C	0.271	3	文化展览C_1	0.260	2	0.070	8
			民俗体验C_2	0.227	4	0.062	11
			科研服务C_3	0.278	1	0.075	6
			会议服务C_4	0.235	3	0.064	10

7.4 砖石建筑再利用方式的选择

7.4.1 砖石建筑再利用方式评价指标权重的确定

根据24位专家的评分分别建立准则层矩阵（表7-21）和次准则层矩阵（表7-22～表7-24）。

表7-21 准则层要素的判断矩阵

项目	公共服务型A	盈利型B	社会型C
公共服务型A	1	0.75	1.21
盈利型B	1.333333333	1	1.32
社会型C	0.826446281	0.757575758	1

表7-22　次准则层A_n的判断矩阵

项目	文化公共空间A_1	老年人福利场所A_2	少儿福利场所A_3	村民娱乐空间A_4
文化公共空间A_1	1	0.6	1.2	0.9
老年人福利场所A_2	1.666666667	1	1.5	1.35
少儿福利场所A_3	0.833333333	0.666666667	1	1.27
村民娱乐空间A_4	1.111111111	0.740740741	0.787401575	1

表7-23　次准则层B_n的判断矩阵

项目	民宿、餐饮店B_1	饲养B_2	储存、栽培B_3	出租B_4
民宿、餐饮店B_1	1	1.48	3.2	0.4
饲养B_2	0.675675676	1	0.8	0.5
储存、栽培B_3	0.3125	1.25	1	0.6
出租B_4	2.5	2	1.666666667	1

表7-24　次准则层C_n的判断矩阵

项目	文化展览C_1	民俗体验C_2	科研服务C_3	会议服务C_4
文化展览C_1	1	1.52	1.62	1.19
民俗体验C_2	0.657894737	1	1.21	1.3
科研服务C_3	0.617283951	0.826446281	1	1.35
会议服务C_4	0.840336134	0.769230769	0.740740741	1

7.4.2 砖石建筑再利用方式各要素比重计算

（1）各判断矩阵的一致性检验

根据和积法，分别计算每个判断矩阵的特征矢量，并计算一致性指数，结果如表7-25～表7-28所示。

表7-25　准则层矩阵的计算过程及结果

项目	公共服务型A	盈利型B	社会型C	W_i
公共服务型A	0.316477768	0.299093656	0.342776204	0.319
盈利型B	0.421970357	0.398791541	0.373937677	0.398
社会型C	0.261551874	0.302114804	0.283286119	0.283
判断矩阵一致性:	$CR=0.003858717$	$\lambda_{max}=3.004476111$		

表7-26 次准则层A_n的判断矩阵的计算过程与结果

项目	文化公共空间A_1	老年人福利场所A_2	少儿福利场所A_3	村民娱乐空间A_4	W_i
文化公共空间A_1	0.21686747	0.199507389	0.267415336	0.199115044	0.221
老年人福利场所A_2	0.361445783	0.332512315	0.33426917	0.298672566	0.332
少儿福利场所A_3	0.180722892	0.221674877	0.222846113	0.280973451	0.227
村民娱乐空间A_4	0.240963855	0.246305419	0.175469381	0.221238938	0.221
判断矩阵一致性:	$CR=0.011392071$		$\lambda_{max}=4.030758592$		

表7-27 次准则层B_n的判断矩阵的计算过程与结果

项目	民宿、餐饮店B_1	饲养B_2	储存、栽培B_3	出租B_4	W_i
民宿、餐饮店B_1	0.222807678	0.258289703	0.48	0.16	0.280
饲养B_2	0.150545728	0.17452007	0.12	0.2	0.161
储存、栽培B_3	0.069627399	0.218150087	0.15	0.24	0.169
出租B_4	0.557019195	0.34904014	0.25	0.4	0.389
判断矩阵一致性:	$CR=0.092839789$		$\lambda_{max}=4.250667431$		

表7-28 次准则层C_n的判断矩阵的计算过程与结果

项目	文化展览C_1	民俗体验C_2	科研服务C_3	会议服务C_4	W_i
文化展览C_1	0.320974239	0.369319551	0.354428328	0.245867769	0.323
民俗体验C_2	0.211167263	0.242973389	0.264727332	0.268595041	0.247
科研服务C_3	0.198132246	0.200804454	0.218782919	0.27892562	0.22
会议服务C_4	0.269726252	0.186902607	0.162061421	0.20661157	0.20
判断矩阵一致性:	$CR=0.016206631$		$\lambda_{max}=4.043757903$		

（2）综合排序

计算独立式窑洞再利用方法的合计权重。

其中，A_1、A_2、A_3、A_4的计算过程和结果如下：

$$0.319\times\begin{pmatrix}0.221\\0.332\\0.227\\0.221\end{pmatrix}=\begin{pmatrix}0.071\\0.106\\0.072\\0.071\end{pmatrix}$$

B_1、B_2、B_3和B_4的计算过程和结果如下：

$$0.398\times\begin{pmatrix}0.280\\0.161\\0.169\\0.389\end{pmatrix}=\begin{pmatrix}0.112\\0.064\\0.067\\0.155\end{pmatrix}$$

C_1、C_2、C_3和C_4的计算过程和结果如下：

$$0.283\times\begin{pmatrix}0.323\\0.247\\0.224\\0.206\end{pmatrix}=\begin{pmatrix}0.091\\0.070\\0.063\\0.058\end{pmatrix}$$

7.4.3 砖石建筑再利用方式评价结果分析

表7-29显示了砖石建筑再利用方式的重要性和评价结果的排序。总排序第一的是盈利型中的出租（0.155），第二是盈利型中的民宿、餐饮店（0.112），第三是公共服务型中的老年人福利场所（0.106），第四是社会型中的文化展览（0.091）。社会型类别中的会议服务（0.058）排名最后。对于砖石建筑再利用的准则层评价类型，从高到低依次为盈利型（0.398）、公共服务型（0.319）和社会型（0.283）。公共服务型各项目要素顺序依次为老年人福利场所（0.332）、少儿福利场所（0.227）、村民娱乐空间（0.221）、文化公共空间（0.221）。盈利型中各要素的顺序依次是出租（0.389），民宿、餐饮店（0.280），储存、栽培（0.169），饲养（0.161）。社会型中各要素的顺序依次为文化展览（0.323）、民俗体验（0.247）、科研服务（0.224）、会议服务（0.206）。

表7-29　砖石建筑再利用方式中各要素的权重

准则层	权重	排序	次准则层	权重	排序	合计比重	总排序
公共服务型A	0.319	2	文化公共空间A_1	0.221	3	0.071	6
			老年人福利场所A_2	0.332	1	0.106	3
			少儿福利场所A_3	0.227	2	0.072	5
			村民娱乐空间A_4	0.221	3	0.071	6
盈利型B	0.398	1	民宿、餐饮店B_1	0.280	2	0.112	2
			饲养B_2	0.161	4	0.064	10

续表

准则层	权重	排序	次准则层	权重	排序	合计比重	总排序
盈利型B	0.398	1	储存、栽培B_3	0.169	3	0.067	9
			出租B_4	0.389	1	0.155	1
社会型C	0.283	3	文化展览C_1	0.323	1	0.091	4
			民俗体验C_2	0.247	2	0.070	8
			科研服务C_3	0.224	3	0.063	11
			会议服务C_4	0.206	4	0.058	12

7.5 三类乡土建筑再利用方式的综合分析

这三种类型建筑物的功能具有综合性，其再利用方式的比较结果如表7-30和表7-31所示。

豫西地坑窑虽然遭到严重破坏和遗弃，但仍然是全国地坑窑最完整、最大、最集中的地区，其艺术价值、科学价值和社会价值都高于其他两类建筑。广泛地宣传、调查和研究是进一步促进当地旅游业发展的必要条件。民俗体验（C_2），民宿、餐饮店（B_1）和科研服务（C_3）在地坑窑再利用方面排名前三。因此，社会型（C）是地坑窑再利用的首选，其次是盈利型（B）和公共服务型（A）。

独立式窑洞大多建在山上，相对封闭，村民现在大多是老人和儿童，大多数年轻人去城市工作，农村活力不够，老年设施不足，人们缺乏交流和聚会。而与此同时，越来越多的城市人喜欢到乡村体验生活，这为独立式窑洞的发展带来了机遇，独立式窑洞因其独特的建筑形式已经成为城市居民居住的首选。独立式窑洞再利用方式中，老年人福利场所（A_2），民宿、餐饮店（B_1）和少儿福利场所（A_3）排在前三位。因此，在独立式窑洞的再利用中，公共服务型（A）是第一位，其次是盈利型（B）和社会型（C）。

砖石建筑的建筑形式在中国比较普遍，没有鲜明的代表性。作为一种传统的建筑形式，它可以为周边城市的人们提供一种民宿或乡村生活的体验，可发挥靠近城市的地理位置优势来将老房子进行再利用。出租（B_4），民宿、餐饮店（B_1）及老年人福利场所（A_2）排名前三。因此，在砖石建筑的再利用中，盈利型（B）是第一位，其次是公共服务型（A）和社会型（C）。

表7-30　三种乡土建筑再利用方式中次准则层元素的比较

排序	地坑窑	独立式窑洞	砖石建筑
1	民俗体验C_2	老年人福利场所A_2	出租B_4
2	民宿、餐饮店B_1	民宿、餐饮店B_1	民宿、餐饮店B_1
3	科研服务C_3	少儿福利场所A_3	老年人福利场所A_2
4	出租B_4	出租B_4	文化展览C_1
5	老年人福利场所A_2	村民娱乐空间A_4	少儿福利场所A_3
6	文化展览C_1	科研服务C_3	村民娱乐空间A_4
7	会议服务C_4	文化公共空间A_1	文化公共空间A_1
8	饲养B_2	文化展览C_1	民俗体验C_2
9	少儿福利场所A_3	储存、栽培B_3	储存、栽培B_3
10	储存、栽培B_3	会议服务C_4	饲养B_2
11	村民娱乐空间A_4	民俗体验C_2	科研服务C_3
12	文化公共空间A_1	饲养B_2	会议服务C_4

表7-31　三种乡土建筑再利用方式中准则层元素的比较

排序	地坑窑	独立式窑洞	砖石建筑
1	社会型A	公共服务型C	盈利型B
2	盈利型B	盈利型B	公共服务型C
3	公共服务型C	社会型A	社会型A

8 结论与展望

对豫西地区10个村庄的139座民居建筑进行调查与分析，通过测量与摄影，掌握民居建筑的布局与外观特征，对民居建筑的平面形态进行分类与分析，运用空间句法理论和相关的计算机辅助软件，分析民居建筑的连接度、控制度、深度值和集合度，比较不同类型民居建筑之间的异同，定量描述民居建筑的空间特征。从对空间形态的调查和分析中可以得出以下结论。

首先，根据地坑窑主窑朝向的不同，地坑窑分为四种不同的类型。中国其他类型的建筑一般都是朝南，就像独立式窑洞和砖石建筑一样。这三种类型的建筑通常以庭院为中心，并且都有一个清晰的中轴线。庭院是室内活动空间的延伸，它在物质层面和精神层面上深刻地影响着乡土建筑的形成和发展。按照院落的布局，独立式窑洞和砖石建筑可以分为单排房屋、二合院、三合院、四合院和组合式庭院。其中，独立式窑洞以二合院为主，砖石建筑以组合式庭院为主。这主要是因为独立式窑洞住宅的建造成本和施工工艺高于砖石建筑，所以人们不会建造太多的房屋。

其次，虽然地坑窑的命名与其他两类建筑的命名不同，但在功能布局上，三类建筑都遵循左上右下的原则。对于地坑窑而言，主窑两侧的窑室称为上角窑和下角窑。上角窑和下角窑的对面是门口和卫生间。主窑左侧可以建生活窑，右侧基本上为居住窑、牲畜窑、仓储窑等。主窑一侧的窑数往往是奇数，因此主窑为中间窑，形成整个坑窑的中轴线，突出了主窑的重要性。对于独立式窑洞和砖石建筑，主屋是地位最高的建筑空间，用作老年人住房或家庭成员聚会、会见客人的客厅。厢房大多有一个或两个房间，规模仅次于主屋，通常为儿童居住。反向布置的倒座房通常与大门相连，其立面相对简单，装饰较少，用于储存东西或作为客厅。

（1）乡土建筑尺寸的比较分析

窑洞的宽度是指窑门一侧的长度，窑的深度是与窑门垂直的长度。在地坑窑的布局中，门口对应于主窑房，也可以说，主窑房的位置决定了坑窑的宽度和深度。

三种地坑窑在宽度、深度和面积上存在显著差异，但它们在纵横比上没有显著差异。12孔窑平均宽度最大，为30.59m，其次为8孔窑，平均宽度为28.31m，10孔窑平均宽度最小，为27.42m。12孔窑平均深度最大，为30.33m，其次为10孔窑，平均深度28.17m，8孔窑平均深度最小，为26.09m。可以看出，坑窑的深度与窑洞的数目呈正相关。从宽度和深度的统计结果可以看出，8孔窑的平均纵横比为1.09，12孔窑的平均纵横比为1.01，10孔窑的平均纵横比为0.98。它们的比值都接近1，说明地坑窑的建筑平面几乎是正方形的。12孔窑平均面积最大，为934.49m^2，10孔窑平均面积为775.82m^2，8孔窑平均面积最小，为739.25m^2。

三种类型的建筑物在宽度、深度、纵横比、面积这四个指标上存在显著差异。从建筑平面组合的角度看，地坑窑是以庭院为核心的四面封闭建筑，独立式窑洞和砖石建筑都有开放式庭院、二合院、三合院、四合院和组合式庭院。由此可见，这三类建筑都是以庭院为中心的封闭式建筑，只是在围合的形式上有所不同。地坑窑平均宽度最大，为28.87m，其次为独立式窑洞的14.06m，砖石建筑平均宽度最小，为12.31m。砖石建筑平均深度最大，为30.00m，其次是地坑窑，平均深度为28.78m，独立式窑洞平均深度最小，为18.86m。地坑窑平面均接近正方形，平均纵横比约为1.01。独立式窑洞的平均纵横比约为0.75，砖石建筑的平均纵横比约为0.48，这两种类型的建筑呈现矩形的空间形式。地坑窑平均面积最大，为836.86m^2，其次为砖石建筑，为373.36m^2，独立式窑洞平均面积最小，为274.94m^2。

（2）乡土建筑空间句法的比较分析

运用空间句法对三种类型的地坑窑进行分析，得出以下结论。

三种地坑窑均以庭院为核心组织整个空间系统，庭院成为空间布局和功能组织的中心。这三种类型的地坑窑按照同样的方式组织空间布局，形成了庭院前空间的格局。三种窑在连接度和深度值上没有明显差异，但控制度和集合度存在显著差异。在控制度和集合度的值上，12孔窑比其他两种窑高，这意味着12孔窑具有最佳的可达性。用定量的方法表示地坑窑的可达性，其结果与人们通常的认知并不相同。在以往的研究中，都认为所有的窑都是以庭院为中心布置的，因此它们的可达性是相同的。而本书研究发现，定量研究确定的地坑窑可达性与窑洞的孔数呈正相关。

通过对地坑窑、独立式窑洞、砖石建筑进行空间分析，得出以下结论。

三种类型的建筑在连接度、控制度、集合度和平均深度值这四个指标上存在显著差异。在连接度、平均深度值、集合度方面，地坑窑最大，其次是砖石房屋，独立式窑洞最小。三类建筑庭院的集合度没有显著的差异。而地坑窑主窑的集合度最大，其次是砖石建筑，两者之间无显著性差异，但与独立式窑洞的主窑有显著性差异。

（3）乡土建筑价值评价的比较分析

结合乡土建筑的实际情况，提出了定性和定量相结合确定乡土建筑价值的评定方法。运用层次分析法和德尔菲法，将分析对象的价值分为科学价值、艺术价值、社会价值和使用价值四个类别，然后将这些类别细化为具体的评价要素。应用层次分析法，确定每个要素的层级关系。在准则层面上，社会价值占比重最大，艺术价值和使用价值占比重最小。在次准则层面上，建筑造型的典型性、区位条件、建筑群的规模和建筑结构的合理性被赋予较大的权重，而建筑的经济性和形态的完整性被赋予较小的权重。由于价值评价的对象是整个村庄，所以评价要素的权重与社会和地区因素有较大关系。在建立评价模型的基础上，对禹州和陕州区的10个村庄进行了评价。结果表明，北营村和庙上村因具有代表性的建筑形式、良好的地理位置和良好的使用条件而获得了最高的总分。这些村庄还促进以旅游为基础的商业活动，鼓励保护和利用村庄中的地坑窑。在其他8个村庄中，从高到低的顺序依次是神垕村、浅井村、魏井村、天硐村、官寨头村、窑地村、刘寺村、曲村。其中，神垕村和浅井村的建筑以砖石建筑为主，因为它们建在平原上，所以交通和位置条件都比较好。天硐村、魏井村的建筑是建在山上的独立式窑洞，虽然它们在建筑形式上很突出，但交通条件很差。其他村庄都是地坑窑，利用率很低，大部分村庄面临着消失的局面。综合各种乡土建筑因素来看，中国窑洞的整体水平并不高，虽然这些建筑历史悠久，但随着社会发展，人们已经开始不愿意再居住在这种建筑中，因此造成了如今建筑群规模零散、不集中的现状，而且窑洞的建设成本高，区位条件不够优越，这些农村地区的经济发展相对落后，地方政府关注不够，文化意识宣传不够，学术界缺乏深入的研究。

在建筑价值的比较上，从高到低依次为砖石建筑、独立式窑洞、地坑窑，这也反映了三类建筑的现状。砖石建筑的地理位置和交通条件较好，独立式窑洞虽然地理位置不佳，但其建筑形式具有很强的独特性，而且随着国家交通建设的大力发展，这些村庄的外部条件得到了很大的改善。此外，这两种类型建筑物的利用率普遍很高，这是由于它们的建造年代和建筑材料都有很大的优势。就地坑窑而言，其建筑形式非常地方化，虽然由于旅游业的发展，个别村庄得到了较好的保护和发展，但大多数村庄的地坑窑都有着濒临消失的危险。

在地坑窑再利用的类型中，社会型（C）排名第一，其次是盈利型（B）和公共服务型（A）。民俗体验（C_2），民宿、餐饮店（B_1）和科研服务（C_3）是地坑窑再利用具体方式的排名前三。

在独立式窑洞的再利用类型中，公共服务型（A）是第一，其次是盈利型（B）和社会型（C）。老年人福利场所（A_2），民宿、餐饮店（B_1）和少儿福利场所（A_3）在具体方式中排名前三。

在砖石建筑的再利用类型中，盈利型（B）排名第一，其次是公共服务型（A）和社会型（C）。出租（B_4），民宿、餐饮店（B_1）和老年人福利场所（A_2）是具体方式的排名前三。

（4）相邻建筑物之间的相关性

豫西地区为人们提供了黄土、石头等建房材料。人们用黄土建造地坑窑，用石头和砖在地面上建造独立式窑洞和砖石建筑。在建筑结构方面，地坑窑和独立式窑洞采用拱形结构，而砖石建筑采用梁柱结构。这些建筑结构和形式之间的连续性反映了建筑对地理环境的适应性，突出了它们作为乡土建筑的特点，并证明了建筑与文化的一致性。

（5）实践中的应用价值研究

在10个村庄中，居住者大都是平均年龄在70岁以上的老年人，青年人居住意愿不高。所有村庄都处于如此背景之下，因此如何利用这些乡土建筑已成为一个严重的问题。令人欣慰的是，近年来，拯救和保护传统建筑已经引起了全社会的关注，许多知名学者和民间专家积极提出建议，当地政府也实施了一些积极的保护工作，国家还制定了历史文化名村和传统村的评价标准。所研究分析的这10个村都在国家级、省级或是市级历史文化名村的范围之内。在实践操作中，只能对一些重点村落和重点建筑采取有针对性的保护改造措施，不可能完全保护所有的乡土建筑。结合农村发展，合理评价乡土建筑价值，建立新的农村发展模式，需要政府部门的支持和专业人士的参与。只有这样，才能保证乡村的发展，正确引导建筑物的再利用，实现乡土建筑的可持续发展目标，改善人们的生活。

乡土建筑具有强烈的地域特色，但它们普遍面临着衰落的状况，因此如何保持乡土建筑村庄的可持续发展、建设生态文明村已成为一个重点问题。要实现村庄的可持续发展，必须正确处理好经济发展、文化传承与良好自然环境的关系。建筑作为村庄中最大的实体，是实现和影响村庄可持续发展的重要组成部分。首先，建设的视野要宽，要从城乡关系的角度定位。其次，建筑的功能应该是全面的。它不仅具有居住功能，而且应具有文化、艺术和社会等方面的功能。最后，要挖掘和保护农村的物质文化和非物质文化，客观、科学、实事求是地评价乡土建筑的条件，不能夸大乡土建筑的优势，也不能忽视乡土建筑的独特性。

参考文献

[1] ICOMOS. Charter on the Built Vernacular Heritage[R/OL]. Mexico, 1999.
[2] RUDOFSKY B.Architecture without Architects: A Short Introduction to Non-Pedigreed Architecture[M]. Las Cruces: University of New Mexico Press, 1964.
[3] 吴良镛. 世纪之交展望建筑学的未来——国际建协第20届大会主旨报告[J].建筑学报, 1999, (08): 6-11.
[4] NGUYEN A, TRUONG N, ROCKWOOD D, et al. Studies on Sustainable Features of Vernacular Architecture in Different Regions across the World: A Comprehensive Synthesis and Evaluation[J]. Frontiers of Architectural Research, 2019, 8(4): 535-548.
[5] RAPOPORT A. House Form and Culture[M]. New Jersey: Prentice Hall, 1969.
[6] 原广司. 世界聚落的教示100[M]. 北京：中国建筑工业出版社，2003.
[7] 明恩溥. 西方视野里的中国形象——中国乡村生活[M]. 北京：时事出版社，1998.
[8] 布莱恩・爱德华兹. 绿色建筑[M]. 沈阳：辽宁科学技术出版社，2005.
[9] 安东内拉・胡贝尔. 地域・场地・建筑[M]. 北京：中国建筑工业出版社，2004.
[10] 龙庆忠.穴居杂考[J]. 中国营造学社汇刊, 1934, 5(01): 55-76.
[11] 龙庆忠. 中国建筑与中华民族[M]. 广州: 华南理工大学出版社, 1949.
[12] 陆元鼎，杨谷生. 中国民居建筑[M]. 广州: 华南理工大数学出版社, 2003.
[13] 刘敦桢. 中国住宅概说[M]. 天津：百花文艺出版社，2004.
[14] 李秋香，陈志华. 中华遗产・乡土建筑：新叶村[M]. 北京：清华大学出版社，2011.
[15] 陈志华，李秋香. 中华遗产・乡土建筑：诸葛村[M]. 北京：清华大学出版社，2010.
[16] 张良皋. 武陵土家[M]. 北京：生活・读书・新知三联书店，2001.
[17] 黄汉明.老房子　福建民居[M]. 南京：江苏美术出版社，1994.
[18] 雷翔. 广西民居[M]. 南宁：广西民族出版社，2005.
[19] 河南近代建筑史编辑委员会. 河南近代建筑史[M]. 北京：中国建筑工业出版社，1995.
[20] 侯继尧，王军. 中国窑洞[M]. 郑州：河南科学技术出版社，1999.
[21] 郐学德，刘炎. 河南古代建筑史[M]. 郑州：中州古籍出版社，2001.
[22] 左满常，白宪臣. 河南民居[M]. 北京：中国建筑工业出版社，2007.
[23] 赵红垒，童丽萍，刘瑞晓. 生土地坑窑腰嵌梁加固技术研究[J]. 施工技术，2016, 45(18): 124-127.
[24] 唐丽，张晓娟. 传统民居“地下四合院”：地坑院营造探微——以陕县凡村为例[J]. 华中建筑，2011, 29(03): 166-168.
[25] 童丽萍，许春霞. 生土地坑窑民居夏季室内外热环境监测与评价[J].建筑科学，2015, 31(02): 9-14.
[26] 王桂秀，李红光. 豫西地坑院防排水体系构造分析[J]. 施工技术，2013, 42(16): 101-104.
[27] 尤伟，吴蔚. 利用先进的计算机模拟技术改善传统窑居的天然采光[J].照明工程学报，2009, 20(02): 6-12.
[28] 刘佳萍，王丽娟. 中国传统民居的冬暖夏凉机制[J]. 建筑与环境, 2011, 46: 1709-1715.
[29] 王磊，朱晓天. 地下四合院——陕县地坑院的研究保护与开发[J]. 四川建筑，2010, 30(01): 53-54.
[30] 景生鹏，陈亚伟，郭思岩，等. 黄土高原区废弃窑洞复垦潜力分析——以甘肃省西峰区为例[J]. 安徽农业科学，2015, 43(09): 329-331.
[31] 唐丽，李光. 生态学视角下地坑院节能改造技术探讨——以三门峡陕县为例[J]. 建筑科学，2011, 27(02): 74-77.
[32] UNESCO. Convention Concerning the Protection of the World Cultural and Natural

Heritage[R/OL]. Paris, France, 1972.
[33] SEMPREBON G, FABRIS L M, MA W, et al.Vernacular Architeuture as a Form of Resience in Chinese Countryside Transition. Evidence from a Rural Settlement in FuJian Province[J]. The International Archives of the Photogrammetry, Remote Sensing and Spatial Information Sciences, 2002, XLIV-M-1: 181-188.
[34] ZYDRUNE M, DARIUS K, DIANA K.A Bibliometric Data Analysis of Multi-criteria Decision Making Methods in Heritage Buildings[J]. Journal of Civil Engineering and Management, 2019, 25(2): 76-99.
[35] UNESCO.The Nara Document on Authenticity[R/OL]. Japan, 1994.
[36] 马煌，李珊婷. 基于层次分析法的非世界价值评价[J]. 旅游管理视角，2018, 26: 67-77.
[37] PURCELL A, NASAR J. Experiencing Other People's Houses[J]. Journal of Environmental Psychology, 1992,12(3): 199-211.
[38] COETERIER. J.Lay People's Evaluation of Historic Sites[J]. Landscape and Urban Planning, 2002, 59(2): 111-123.
[39] MAZZANTI M. Valuing Cultural Heritage in a Multi-attribute Framework Microeconomic Perspectives and Policy Implications[J]. The Journal of Socio-Economics, 2003, 32(5): 549-569.
[40] 普鲁金. 建筑与历史环境[M]. 北京：社会科学文献出版社，2011.
[41] MARI O, EIR R, NILS O. Proposed Aspects for Evaluation of the Value of Spaces in Historic Buildings[J]. Procedia Economics and Finance, 2011, 8: 23-31.
[42] ZYDRUNE M, VALENTINAS P, EDMUNDAS K.Contractor Selection for Renovation of Cultural Heritage Buildings by PROMETHEE Method[J]. Archives of Civil and Mechanical Engineering, 2019, 19: 1056-1071.
[43] RIBERA F, NESTICÒ A, CUCCO P,et al. A Multicriteria Approach to Identify the Highest and Best Use for Historical Buildings[J]. Journal of Cultural Heritage, 2019, 41: 166-177.
[44] JENSEN P, MASLESA E.Value Based Building Renovation-A Tool for Decision-making and Evaluation[J]. Building and Environment, 2015, 92: 1-9.
[45] MARI O, EIR R,NILS O. Proposed Aspects for Evaluation of the Value of Spaces in Historic Buildings[J]. Procedia Economics and Finance, 2015, 21: 23-31.
[46] HEBATU-ALLAH A, ALI F, ASMAA E.Multi-criteria Decision Making for Adaptive Reuse of Heritage Buildings: Aziza Fahmy Palace, Alexandria, Egypt[J].Alexandria Engineering Journal, 2019, 58: 467-478.
[47] HILLIER B, HANSON J. The Social Logic of Space[M]. London：Cambridge University Press,1984.
[48] HANSON J. Decording Homes and Houses[M]. London: Cambridge University Press,1998.
[49] B希列尔，赵兵. 空间句法——城市新见[J]. 新建筑，1985, (01): 62-72.
[50] 张愚，王建国. 再论“空间句法”[J]. 建筑师，2004(03): 33-34.
[51] 段进. 空间研究3：空间句法与城市规划[M]. 南京：东南大学出版社，2007.
[52] HILLIER B. Space is the Machine：A Configurational Theory of Architecture[M]. Cambridge: Cambridge University Press, 1996.
[53] Hiller B. The Hidden Geometry of Deformed Grids: Or, Why Space Syntax Works, When it Looked as Though it Shouldn't[J]. Environment and Planning B:Planning & Design, 1999, 26: 169-191.

[54] 陶伟，陈红叶，林杰勇. 句法视角下广州传统村落空间形态及认知研究[J]. 地理学报，2013, 68(02): 209-218.
[55] 鲁政. 认知地图的空间句法研究[J]. 地理学报，2013, 68(10): 1401-1410.
[56] 陈华杰，石忆邵. 基于空间句法的商品交易市场空间结构——以义乌国际商贸城为例[J]. 地理学报，2011, 66(6): 805-812.
[57] 吴志军，田逢军. 基于空间句法的城市游憩空间形态特征分析——以南昌市主城区为例[J]. 经济地理，2012, 32(06): 156-161.
[58] THOMAS L.A Scaling Method for Priorities in Hierarchical Structures[J]. Journal of Mathematical Psychology, 1977, 15, (03): 234-281.
[59] THOMAS L. Decision-making with the AHP: Why is the Principal Eigenvector Necessary[J]. European Journal of Operational Research, 2003, 145, (01): 85-91.
[60] SHARMIN A, BILGE G. Analytic Hierarchy Process: An Application in Green Building Market Research[J]. International Review of Management and Marketing, 2013, 3(3): 122-133.
[61] 陈鼓应. 老子今注今译[M]. 上海：商务印书馆，2003.
[62] 张晓娟，唐丽. 地坑院拦马墙及眼睫毛的构造技术做法——以陕县凡村为例[J]. 华中建筑，2010, 28(7): 186-189.

附录

附录1 被调查的139幢建筑物基本情况统计

序号	村名	建造年代	窑洞孔数	宽度 (W_1)/m	深度 (D_1)/m	纵横比 (W_1/D_1)	面积 $(W_1 \times D_1)$ /m²	院落宽度 (W_2)/m	院落深度 (D_2)/m	纵横比 (W_2/D_2)	院落面积 $(W_2 \times D_2)$ /m²	主房宽度 (W_3)/m	主房深度 (D_3)/m	纵横比 (W_3/D_3)	主房面积 $(W_3 \times D_3)$ /m²
1	曲村	A	12	25.36	26.15	0.970	663.16	9.84	14.30	0.69	133.92	3.4	7	0.486	23.8
2	曲村	Q	12	29.7	25	1.188	742.50	14.22	11.25	1.26	152.41	7.86	3.04	2.586	23.89
3	曲村	Q	12	37.4	37.5	0.997	1402.50	16.49	14.79	1.11	233.74	2.96	9.88	0.300	29.24
4	曲村	A	12	33.38	27.04	1.234	902.60	15.02	12.59	1.19	177.78	3.01	8.52	0.353	25.65
5	曲村	A	12	27.01	29.2	0.925	788.69	12.83	14.78	0.87	177.71	3.1	8.6	0.360	26.66
6	曲村	R	12	34.37	32.25	1.066	1108.43	16.49	14.76	1.12	234.06	3.14	8.6	0.365	27
7	曲村	R	12	33.25	31.26	1.064	1039.40	15.02	12.59	1.19	180.48	3.01	8.99	0.335	27.06
8	曲村	A	12	27.73	29.27	0.947	811.66	10.28	12.34	0.83	123.22	3.03	6.77	0.448	20.51
9	曲村	Q	10	22.75	29.49	0.771	670.90	10.04	14.34	0.70	135.90	2.78	7	0.397	19.46
10	曲村	Q	8	25.9	24.97	1.037	646.72	10.12	10.49	0.96	100.55	2.87	8.2	0.350	23.53
11	曲村	R	12	23.39	26.98	0.867	631.06	12.46	11.22	1.11	137.08	2.91	8.2	0.355	23.86
12	曲村	R	8	29.51	21.15	1.395	624.14	12.2	8.21	1.49	98.33	3.12	4.7	0.664	14.66
13	曲村	R	10	30.85	30.85	1.000	951.72	10.97	15.68	0.70	106.12	3.12	9.3	0.335	29.02
14	曲村	Q	12	27.92	28.59	0.977	798.23	10.13	14.63	0.69	147.71	3.09	8.2	0.377	25.34
15	曲村	Q	10	29.84	24.67	1.210	736.15	12.04	10.49	1.15	128.94	2.87	8.2	0.350	23.53
16	曲村	Q	8	28.63	22.62	1.266	647.61	11.05	9.06	1.22	119.72	2.81	5.48	0.513	15.4
17	曲村	A	12	29.62	31.62	0.937	936.58	12.86	15.68	0.82	188.87	3.12	7.8	0.400	24.34
18	刘寺村	Q	10	25.31	23.96	1.056	606.43	15.69	12.94	1.21	124.35	2.8	8.33	0.336	22.93

续表

序号	村名	建造年代	窑洞孔数	宽度 (W_1)/m	深度 (D_1)/m	纵横比 (W_1/D_1)	面积 $(W_1 \times D_1)$ /m^2	院落宽度 (W_2)/m	院落深度 (D_2)/m	纵横比 (W_2/D_2)	院落面积 $(W_2 \times D_2)$ /m^2	主房宽度 (W_3)/m	主房深度 (D_3)/m	纵横比 (W_3/D_3)	主房面积 $(W_3 \times D_3)$ /m^2
19	刘寺村	Q	8	23.11	25.9	0.892	598.55	11.56	15.12	0.76	106.43	2.75	8.54	0.322	23.08
20	刘寺村	Q	10	27.42	27.64	0.992	757.89	12.72	9.64	1.32	90.28	2.97	8.71	0.341	25.43
21	刘寺村	A	12	33.26	29.76	1.118	989.82	15.74	14.78	1.06	193.07	2.93	10.34	0.283	29.85
22	刘寺村	Q	8	31.8	27.72	1.147	881.50	15.41	14.38	1.07	202.91	3.06	9.22	0.332	27.69
23	刘寺村	Q	8	27.74	27.67	1.003	767.57	12.55	9.64	1.30	97	2.97	8.71	0.341	25.43
24	刘寺村	R	10	26.72	24.5	1.091	654.64	15.18	10.18	1.49	100.15	2.95	9.66	0.305	25.1
25	刘寺村	R	10	25	18.46	1.354	461.50	11	6.68	1.65	73.64	2.92	8.32	0.351	23.83
26	刘寺村	Q	10	23.27	25.07	0.928	583.38	15.28	12.4	1.23	129.48	2.8	9.8	0.286	26
27	刘寺村	A	10	20.69	31.31	0.661	647.80	16.26	10.28	1.58	102.84	3.1	14.09	0.220	43.19
28	刘寺村	R	8	28.26	27.92	1.012	789.02	26.92	10.29	2.62	165.75	3.31	8.74	0.379	28.39
29	刘寺村	Q	10	31.86	28.86	1.104	919.48	15.69	12.83	1.22	126	2.76	10.44	0.264	28.46
30	刘寺村	R	10	33	25.69	1.285	847.77	16.74	9.82	1.70	106.93	3.3	11.19	0.295	33.44
31	刘寺村	A	12	28.11	28.56	0.984	802.82	12.12	15.68	0.77	171.3	2.97	8.54	0.348	24.9
32	刘寺村	A	8	27.38	28.12	0.974	769.93	15.9	10.09	1.58	123.06	2.8	9.44	0.297	26.04
33	刘寺村	Q	10	24.9	26.7	0.933	664.83	10.18	8.92	1.14	79.82	2.94	10.27	0.286	29.72
34	刘寺村	Q	12	32.73	27.32	1.198	894.18	13.3	10.2	1.30	126.31	2.92	8	0.365	27.96
35	刘寺村	R	10	27.24	26.33	1.035	717.23	10	9.5	1.05	79.83	2.9	9.95	0.291	28.8
36	窑底村	Q	12	30.28	28.86	1.049	873.88	12.94	21.26	0.61	152.55	2.91	11.24	0.259	32.27
37	窑底村	R	10	30.8	27.94	1.102	860.55	13.92	14	0.99	124.22	2.91	11.24	0.259	32.27

续表

序号	村名	建造年代	窑洞孔数	宽度 (W_1)/m	深度 (D_1)/m	纵横比 (W_1/D_1)	面积 $(W_1 \times D_1)$ /m^2	院落宽度 (W_2)/m	院落深度 (D_2)/m	纵横比 (W_2/D_2)	院落面积 $(W_2 \times D_2)$ /m^2	主房宽度 (W_3)/m	主房深度 (D_3)/m	纵横比 (W_3/D_3)	主房面积 $(W_3 \times D_3)$ /m^2
38	窑底村	Q	10	24.15	32.6	0.741	787.29	10.95	20.33	0.54	174	3	11.2	0.268	33.26
39	窑底村	R	10	27.82	30.42	0.915	846.28	10.65	14.37	0.74	151.58	3.18	7.48	0.425	23.78
40	窑底村	Q	10	24.23	30.93	0.783	749.43	10.55	13.38	0.79	140.06	3.18	13.16	0.242	41.84
41	窑底村	A	12	29.18	32.14	0.908	937.85	12.74	9.9	1.29	129.75	3.2	4.3	0.744	13.76
42	窑底村	R	8	32.33	27.72	1.166	896.19	15.41	13.72	1.12	203.44	3.06	8.89	0.344	27.43
43	窑底村	R	12	32.32	32.6	0.991	1053.63	12.83	22.52	0.57	182.28	2.93	10.34	0.283	29.85
44	北营村	Q	8	28.46	27.1	1.050	771.27	10.4	9.58	1.09	110.28	3.26	7.2	0.453	23.47
45	北营村	Q	12	35.51	29.75	1.194	1056.42	13.45	11.9	1.13	170.69	3.05	11.5	0.265	35.19
46	北营村	Q	10	27.64	27.42	1.008	757.89	27.42	28.64	0.96	80.36	2.9	10.22	0.284	30.23
47	北营村	Q	12	33.35	35.57	0.938	1186.26	16	15.99	1.00	251.31	2.8	9.76	0.287	29.46
48	北营村	Q	12	29.73	32.96	0.902	979.90	12.83	14.75	0.87	178.84	2.72	8.6	0.316	26.83
49	北营村	Q	12	28.69	30.5	0.941	875.05	12.83	13.03	0.98	175.12	2.8	8.97	0.312	30.2
50	北营村	Q	12	32.99	32.4	1.018	1068.88	13.03	12.79	1.02	168.82	3.28	9.85	0.333	32.31
51	北营村	Q	12	27.78	27.61	1.006	767.01	9.78	14.59	0.67	134.07	3.31	8.81	0.376	28.13
52	北营村	A	10	29.97	30.85	0.971	924.57	10.95	15.31	0.72	155.71	3.08	10.24	0.301	31.16
53	北营村	Q	10	34.19	34.66	0.986	1185.03	13.84	12.65	1.09	171.81	2.86	10.23	0.280	28.77
54	北营村	Q	12	27.45	28.45	0.965	780.95	13.68	9.8	1.40	151.37	3.03	5.81	0.522	17.87
55	北营村	Q	12	26.41	28.45	0.928	751.36	14.7	9.98	1.47	143.8	2	7.01	0.285	16.65
56	北营村	A	10	24.5	29.3	0.836	717.85	9.97	19.03	0.52	132.35	3.18	7.49	0.425	23.49

续表

序号	村名	建造年代	窑洞孔数	宽度 (W_1)/m	深度 (D_1)/m	纵横比 (W_1/D_1)	面积 $(W_1 \times D_1)$ /m^2	院落宽度 (W_2)/m	院落深度 (D_2)/m	纵横比 (W_2/D_2)	院落面积 $(W_2 \times D_2)$ /m^2	主房宽度 (W_3)/m	主房深度 (D_3)/m	纵横比 (W_3/D_3)	主房面积 $(W_3 \times D_3)$ /m^2
57	北营村	A	12	34.19	28.12	1.216	961.42	13.84	12.15	1.14	179.71	2.44	10.47	0.233	26.34
58	北营村	A	12	26.34	30.85	0.854	812.59	11.21	14.65	0.77	155.46	3.12	9.3	0.335	29.01
59	庙上村	Q	10	28.19	33.48	0.842	943.80	12.69	15.02	0.84	180.74	3.06	9	0.340	27.49
60	庙上村	Q	10	31.82	33.48	0.950	1065.33	12.71	13.14	0.97	184.11	3.08	9	0.342	27.86
61	庙上村	Q	10	27.64	25.54	1.082	705.93	9.31	9.26	1.01	84.97	2.9	10.22	0.284	29.59
62	庙上村	Q	10	24.9	27.93	0.892	695.46	8.7	9.94	0.88	88.96	2.94	10.11	0.291	29.72
63	庙上村	R	10	32.23	29.42	1.096	948.21	12.92	11.12	1.16	143.88	2.86	9.45	0.303	29.87
64	庙上村	R	10	32.5	29.5	1.102	958.75	11.92	12.13	0.98	142.34	3.08	9.46	0.326	29.1
65	庙上村	Q	10	29.3	24.23	1.209	709.94	13.03	11.21	1.16	136.61	3.08	6.83	0.451	21.03
66	庙上村	Q	10	31.89	29.9	1.067	953.51	10.18	9.04	1.13	87.68	2.94	8.4	0.350	24.02
67	庙上村	Q	10	23.27	23.96	0.971	557.55	10.21	11.25	0.91	112.21	2.82	7.06	0.399	19.49
68	官寨头村	R	12	36.96	39.37	0.939	1455.12	16.66	15.1	1.10	228.74	2.81	10	0.281	28.1
69	官寨头村	R	12	30.11	30.28	0.994	911.73	10.73	15.26	0.70	169.19	3.12	9.3	0.335	30.62
70	官寨头村	A	12	33.26	31.6	1.053	1051.02	12.36	14.5	0.85	160.63	3.09	8.6	0.359	27.57
71	官寨头村	A	10	25.17	29.34	0.858	738.49	11.52	10.73	1.07	115.46	2.84	6.1	0.466	17.32
72	官寨头村	A	10	18.46	27.13	0.680	500.82	6.35	11.1	0.57	68.49	2.73	4.6	0.593	12.95

续表

序号	村名	建造年代	窑洞孔数	宽度 (W_1)/m	深度 (D_1)/m	纵横比 (W_1/D_1)	面积 ($W_1 \times D_1$) /m^2	院落宽度 (W_2)/m	院落深度 (D_2)/m	纵横比 (W_2/D_2)	院落面积 ($W_2 \times D_2$) /m^2	主房宽度 (W_3)/m	主房深度 (D_3)/m	纵横比 (W_3/D_3)	主房面积 ($W_3 \times D_3$) /m^2
73	魏井村	Q	3	14.52	20.2	0.719	293.3	14.52	10.84	1.34	157.4	4.16	8.92	0.466	37.28
74	魏井村	A		17.61	18.82	0.936	331.4	17.61	18.82	0.94	331.4	13.01	3.6	3.614	45.69
75	魏井村	Q	4	11.9	20.47	0.581	243.6	11.9	18.77	0.63	223.4	3.82	7.91	0.483	30.2
76	魏井村	Q	3	12.67	20.87	0.607	264.4	12.67	12.40	1.02	157.1	3.3	7.53	0.438	24.8
77	魏井村	Q	3	12.95	20.5	0.632	265.5	12.95	12.20	1.06	158.0	3.13	6.52	0.480	20.4
78	魏井村	Q	5	21.23	21.55	0.985	457.5	21.23	13.19	1.61	280.0	2.92	7.12	0.410	20.8
79	魏井村	Q	3	13.53	21.09	0.642	285.3	13.53	12.09	1.12	163.6	3.52	7.35	0.479	21.88
80	魏井村	Q	3	13.55	20.46	0.662	277.2	12.55	12.23	1.03	153.5	3.24	7.20	0.450	23.35
81	魏井村	Q	2	10.89	15.12	0.720	164.7	7.97	3.14	2.54	25.0	2.79	5.32	0.524	15.8
82	魏井村	Q	3	14.29	15.55	0.919	222.2	13.15	7.29	1.80	95.9	3.72	6.90	0.539	25.63
83	魏井村	R	3	13.50	19.72	0.685	266.2	13.5	10.71	1.26	144.6	3.52	7.54	0.467	26.55
84	魏井村	Q	3	12.77	18.11	0.705	231.3	12.77	9.48	1.35	121.1	3.58	6.83	0.524	24.45
85	魏井村	Q	3	12.49	19.67	0.635	245.7	12.49	11.4	1.10	142.4	3.36	6.92	0.486	23.3
86	魏井村	Q	3	15.77	14.38	1.097	226.8	15.77	14.38	1.10	226.8	3.59	6.61	0.543	23.75
87	魏井村	Q	3	13.34	17.01	0.784	226.9	13.34	9.76	1.37	130.2	3.99	6.22	0.641	24.85
88	魏井村	Q	3	11.41	18.71	0.610	213.5	11.41	11.91	0.96	135.9	3.10	6.31	0.491	19.52
89	魏井村	R	3	12.49	18.32	0.682	228.8	12.49	11.16	1.12	139.4	3.50	6.93	0.505	24.24
90	魏井村	Q	3	13.44	19.20	0.700	258.0	13.44	19.20	0.70	258.0	3.25	6.53	0.498	21.23
91	魏井村	Q	3	12.77	17.36	0.736	221.7	12.77	9.35	1.37	119.4	3.69	7.04	0.524	25.95

续表

序号	村名	建造年代	窑洞孔数	宽度 (W_1)/m	深度 (D_1)/m	纵横比 (W_1/D_1)	面积 $(W_1 \times D_1)$ /m^2	院落宽度 (W_2)/m	院落深度 (D_2)/m	纵横比 (W_2/D_2)	院落面积 $(W_2 \times D_2)$ /m^2	主房宽度 (W_3)/m	主房深度 (D_3)/m	纵横比 (W_3/D_3)	主房面积 $(W_3 \times D_3)$ /m^2
92	魏井村	R	3	12.22	17.08	0.715	208.7	12.22	9.3	1.31	113.6	3.55	6.89	0.515	24.42
93	魏井村	Q	3	13.73	14.59	0.941	200.3	13.73	7.53	1.82	103.4	3.72	7.06	0.527	26.24
94	神垕村	Q		19.28	36.51	0.528	703.9	19.28	31.1	0.62	599.6	13.29	5.14	2.586	65.89
95	神垕村	Q		10.39	18.1	0.574	188.1	10.39	18.1	0.57	188.1	3.75	5.9	0.636	22.28
96	神垕村	Q		8.93	39.79	0.224	355.3	8.93	35.22	0.25	314.5	8.95	4.17	2.146	33.08
97	神垕村	Q		10.84	10.86	0.998	117.7	10.84	10.86	1.00	117.7	3.35	5.8	0.578	19.75
98	神垕村	Q		14.29	30.49	0.469	435.7	14.29	30.49	0.47	435.7	7.31	7.35	0.995	28.36
99	神垕村	Q		10.84	37.93	0.286	411.2	9.64	37.93	0.25	365.6	8.14	3.84	2.120	29.22
100	神垕村	Q		13	23	0.565	299.0	13	17.4	0.75	226.2	12.6	5.19	2.428	65.98
101	神垕村	R		10.05	25.9	0.388	260.3	10.05	20.86	0.48	209.6	9.81	4.8	2.044	47.42
102	神垕村	R		11	21.5	0.512	236.5	11	12.92	0.85	142.1	11	8.1	1.358	89.43
103	神垕村	R		9.19	30.83	0.298	283.3	8.33	25.47	0.33	212.2	6.04	5.12	1.180	31.2
104	神垕村	R		14.72	38.32	0.384	564.1	13.76	38.32	0.36	527.3	9.29	4.61	2.015	42.95
105	神垕村	Q		16.69	38.06	0.439	635.2	16.69	33.02	0.51	551.1	9.88	4.8	2.058	47.76
106	神垕村	Q		10.13	26.62	0.381	269.7	10.13	26.62	0.38	269.7	9.12	4.31	2.116	39.3

续表

序号	村名	建造年代	窑洞孔数	宽度 (W_1)/m	深度 (D_1)/m	纵横比 (W_1/D_1)	面积 $(W_1\times D_1)$ /m^2	院落宽度 (W_2)/m	院落深度 (D_2)/m	纵横比 (W_2/D_2)	院落面积 $(W_2\times D_2)$ /m^2	主房宽度 (W_3)/m	主房深度 (D_3)/m	纵横比 (W_3/D_3)	主房面积 $(W_3\times D_3)$ /m^2
107	神垕村	Q		11.01	21.9	0.503	241.1	2.27	21.9	0.10	49.7	4.65	5.4	0.861	25.32
108	神垕村	Q		13.58	33.08	0.411	449.2	13.58	23.8	0.57	323.2	13.58	9.04	1.502	119.91
109	神垕村	Q		10.16	31.42	0.323	319.2	10.16	26.58	0.38	270.1	10.16	4.85	2.095	19.61
110	神垕村	Q		11.59	40.2	0.288	465.9	11.59	40.2	0.29	465.9	7.61	4.34	1.753	33.24
111	神垕村	Q		11.1	36.12	0.307	400.9	11.1	30.86	0.36	342.5	11.1	5.26	2.110	54.76
112	神垕村	Q		10.09	52.98	0.190	534.6	10.09	47.59	0.21	480.2	9.96	4.99	1.996	49.68
113	神垕村	Q		12.76	80.06	0.159	1021.6	12.76	68.31	0.19	871.6	14.42	6.63	2.175	85.86
114	天硐村	Q	5	29.57	36.09	0.819	1067.2	29.57	21.14	1.40	625.1	4.75	6.6	0.720	31.6
115	天硐村	Q	1	12.8	21.7	0.590	277.8	12.8	12.2	1.05	156.2	12.8	4.65	2.753	59.83
116	天硐村	Q	3	12.79	14.91	0.858	190.7	7.91	8.15	0.97	64.5	3.4	6.52	0.521	22.43
117	天硐村	Q	3	17.29	19.7	0.878	340.6	12.77	10.09	1.27	128.8	3.1	7.1	0.437	21.91
118	天硐村	Q	3	14.62	15.99	0.914	233.8	14.62	9.15	1.60	133.8	3.59	6.43	0.558	22.49
119	天硐村	Q	3	13.09	18.88	0.693	247.1	12.04	13.09	0.92	157.6	4.41	6.84	0.645	29.37
120	天硐村	Q	4	18.84	18.98	0.993	357.6	10.18	18.98	0.54	193.2	3.68	8.65	0.425	31.21
121	天硐村	Q	3	10.8	16.01	0.675	172.9	10.8	4.91	2.20	53.0	2.56	8.1	0.316	21

续表

序号	村名	建造年代	窑洞孔数	宽度 (W_1)/m	深度 (D_1)/m	纵横比 (W_1/D_1)	面积 $(W_1 \times D_1)$ /m^2	院落宽度 (W_2)/m	院落深度 (D_2)/m	纵横比 (W_2/D_2)	院落面积 $(W_2 \times D_2)$ /m^2	主房宽度 (W_3)/m	主房深度 (D_3)/m	纵横比 (W_3/D_3)	主房面积 $(W_3 \times D_3)$ /m^2
122	天硐村	Q	1	11.20	14.01	0.799	156.9	7.55	9.12	0.83	68.9	10.64	4.2	2.533	44.99
123	天硐村	Q	3	17.84	22.29	0.800	397.7	17.84	13.09	1.36	233.5	4.06	9.2	0.441	36.64
124	天硐村	Q	2	12.64	20.29	0.623	256.5	12.64	11.3	1.12	142.8	4	8.99	0.445	35.26
125	天硐村	R		8.33	10.09	0.826	84.0	8.33	10.09	0.83	84.0	6.89	3.74	1.842	26.03
126	天硐村	Q	3	15.76	21.08	0.748	332.2	15.76	12.24	1.29	192.9	4.5	8.89	0.506	39.28
127	天硐村	Q	2	9.56	15.82	0.604	151.2	9.56	9.15	1.04	87.5	3.59	6.43	0.558	22.5
128	天硐村	Q		7.91	15.46	0.512	122.3	5.02	7.91	0.63	39.7	4.98	6.54	0.761	32.83
129	天硐村	Q		15.25	22.66	0.673	345.6	10.1	17.91	0.56	180.9	6.22	4.24	1.467	26.03
130	天硐村	Q		11.08	19.39	0.571	214.8	4.31	6.8	0.63	29.3	5.54	4.44	1.248	24.86
131	天硐村	Q	3	16.64	19.3	0.862	321.2	16.64	9.6	1.73	159.7	4.44	8.64	0.514	38.28
132	天硐村	Q	2	11.5	15.59	0.738	179.3	11.5	7.85	1.46	90.3	5.3	7.09	0.748	36.57
133	天硐村	R	3	11.67	18.3	0.638	213.6	11.67	7.2	1.62	84.0	3.1	7.22	0.429	21.91
134	天硐村	Q		14.75	18.14	0.813	267.6	14.75	11.81	1.25	174.2	11.06	6.33	1.747	70.27
135	浅井村	Q		18.65	27.09	0.688	505.2	18.65	22.1	0.84	412.2	12.09	4.75	2.545	57.8
136	浅井村	Q		12.63	29.74	0.425	375.6	12.63	29.74	0.42	375.6	8	4.15	1.928	33.51
137	浅井村	Q		10.51	27.54	0.382	289.4	10.51	18.23	0.58	191.6	10.27	4.85	2.118	47.68
138	浅井村	Q		12.87	30.28	0.425	389.7	12.87	26.68	0.48	343.4	12.61	3.83	3.292	45.53
139	浅井村	Q		12.26	37.18	0.330	455.8	12.26	32.98	0.37	404.3	11.56	4.2	2.752	46.11

注：Q代表清朝时期（1644~1912年），R代表中华民国时期（1912~1949年），A代表1949年以后。

附录2　139座院落的平面布局

NO.1	NO.2	NO.3	NO.4
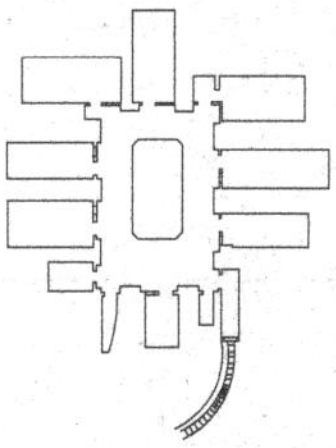	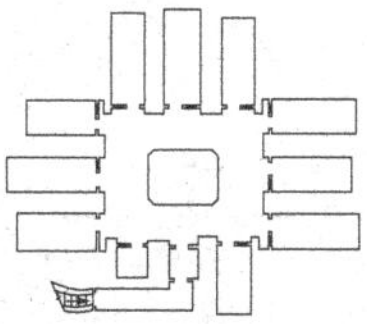	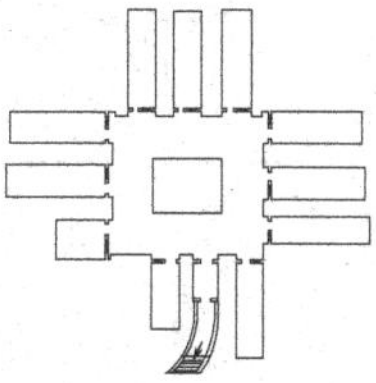	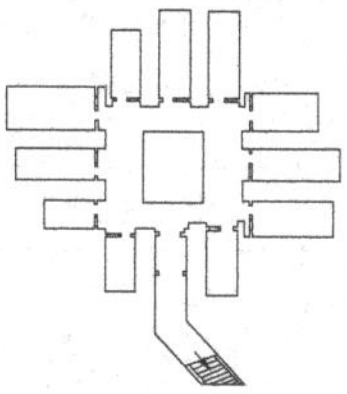
NO.5	NO.6	NO.7	NO.8
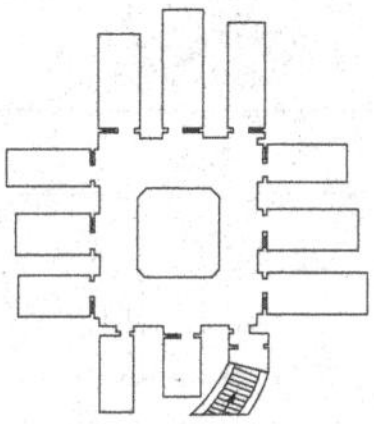	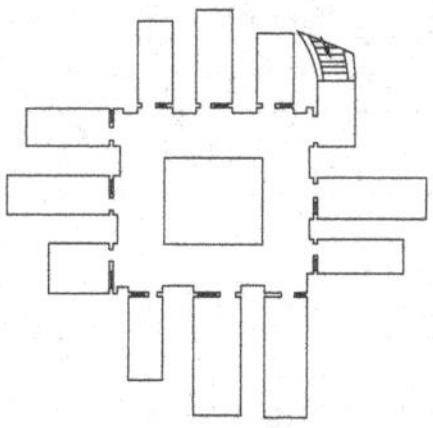	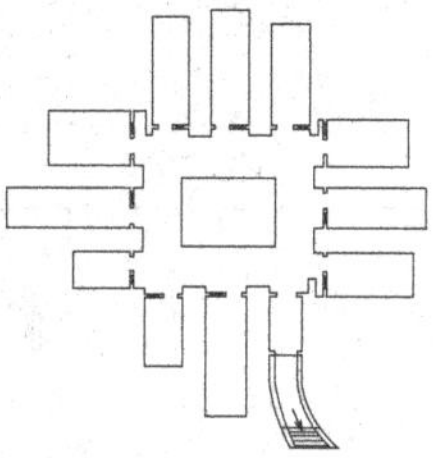	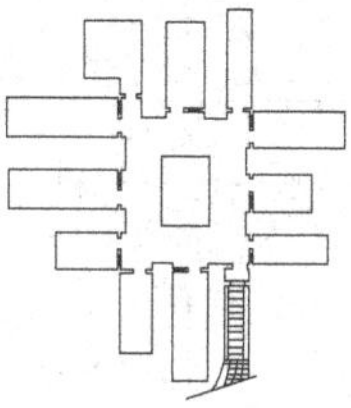
NO.9	NO.10	NO.11	NO.12
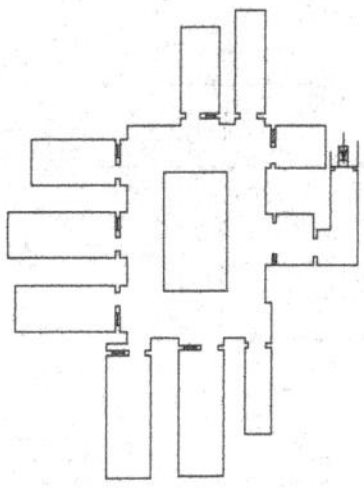	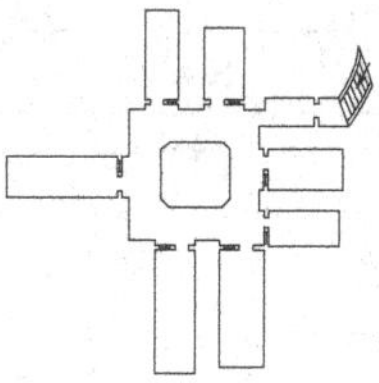	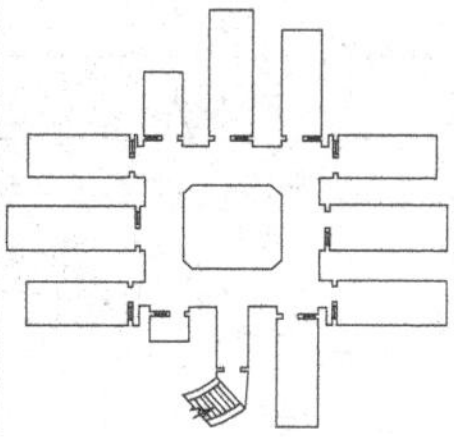	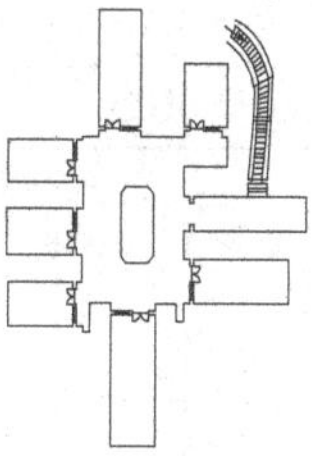
NO.13	NO.14	NO.15	NO.16
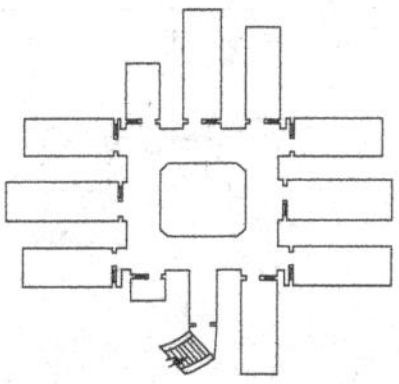	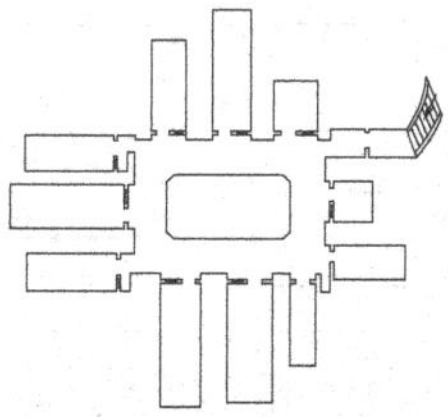	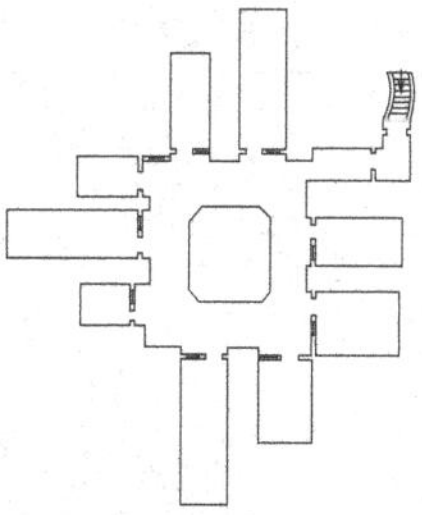	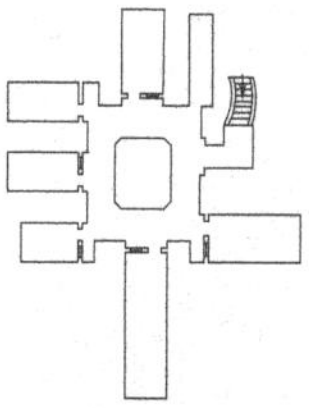

续表

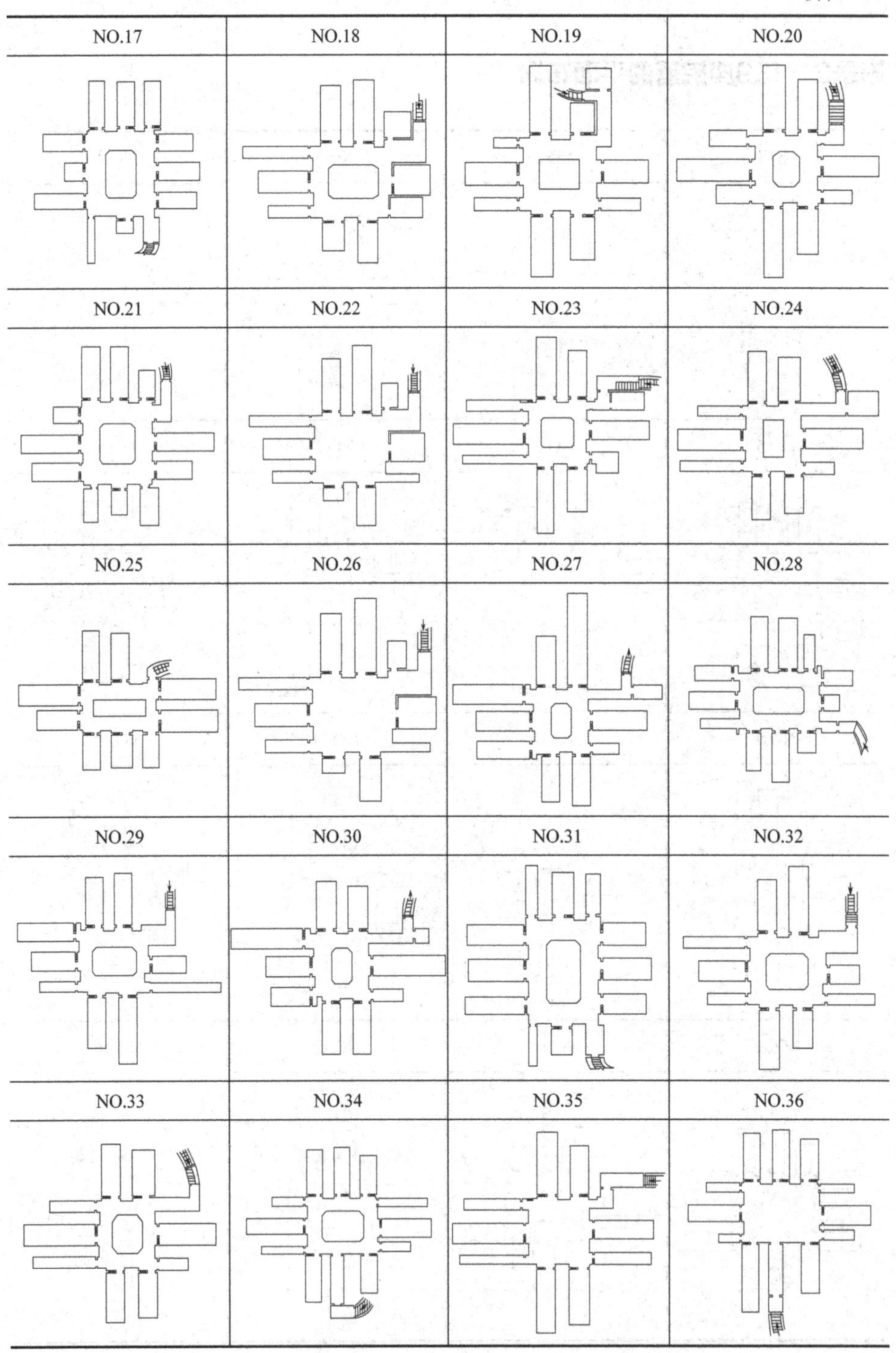
NO.17
NO.18
NO.19
NO.20
NO.21
NO.22
NO.23
NO.24
NO.25
NO.26
NO.27
NO.28
NO.29
NO.30
NO.31
NO.32
NO.33
NO.34
NO.35
NO.36

续表

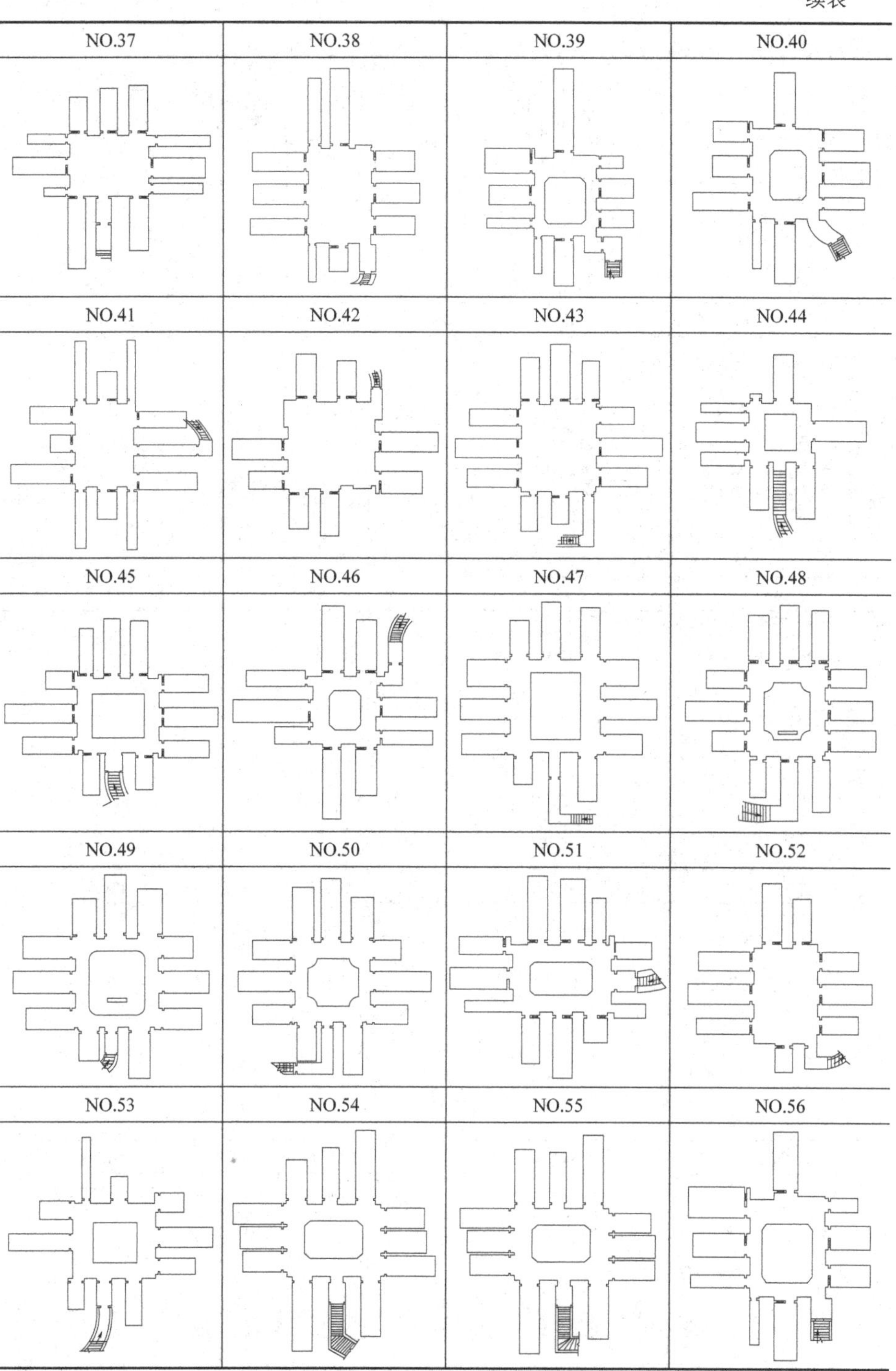
NO.37
NO.38
NO.39
NO.40
NO.41
NO.42
NO.43
NO.44
NO.45
NO.46
NO.47
NO.48
NO.49
NO.50
NO.51
NO.52
NO.53
NO.54
NO.55
NO.56

续表

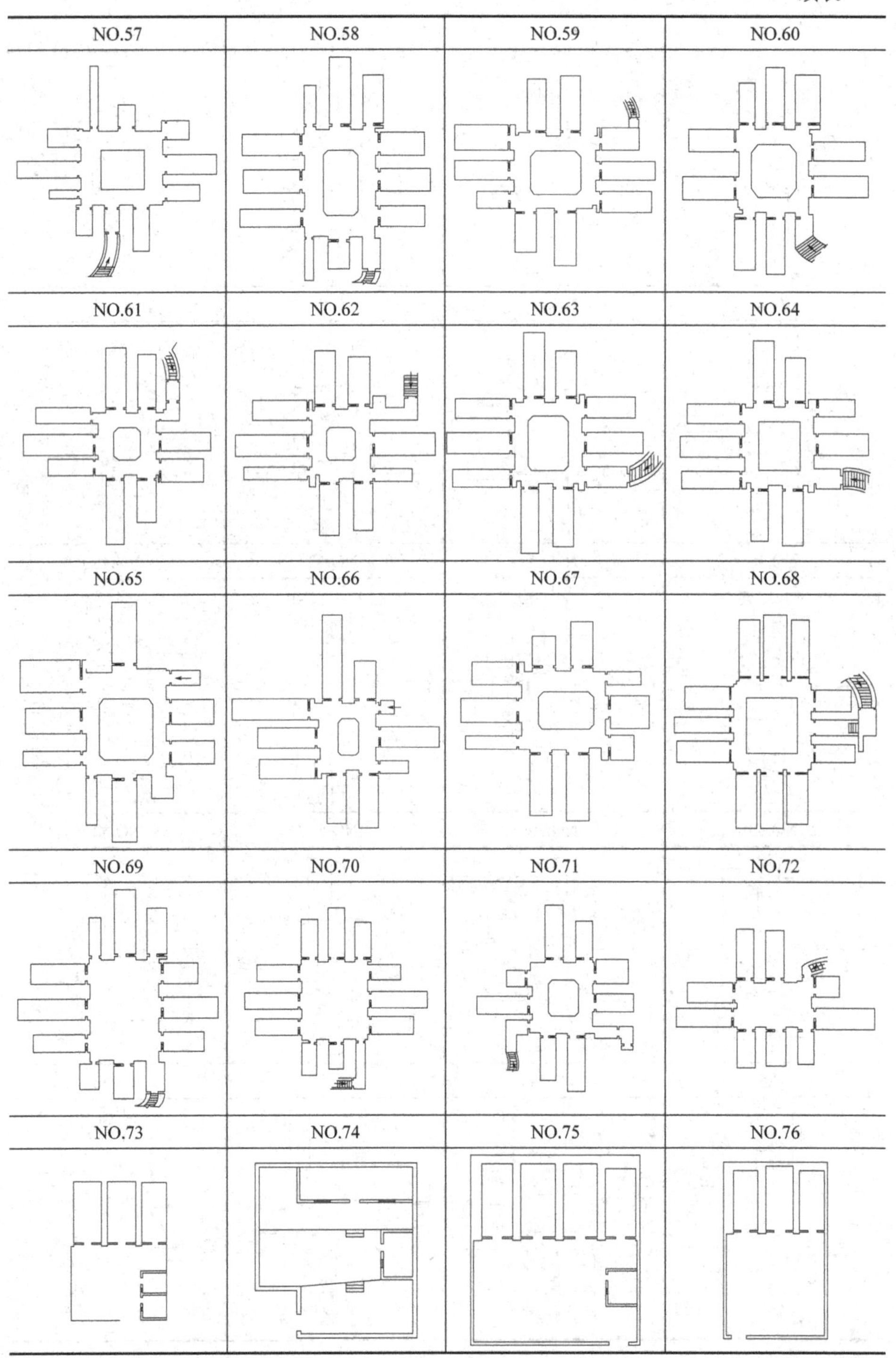
NO.57
NO.58
NO.59
NO.60
NO.61
NO.62
NO.63
NO.64
NO.65
NO.66
NO.67
NO.68
NO.69
NO.70
NO.71
NO.72
NO.73
NO.74
NO.75
NO.76

续表

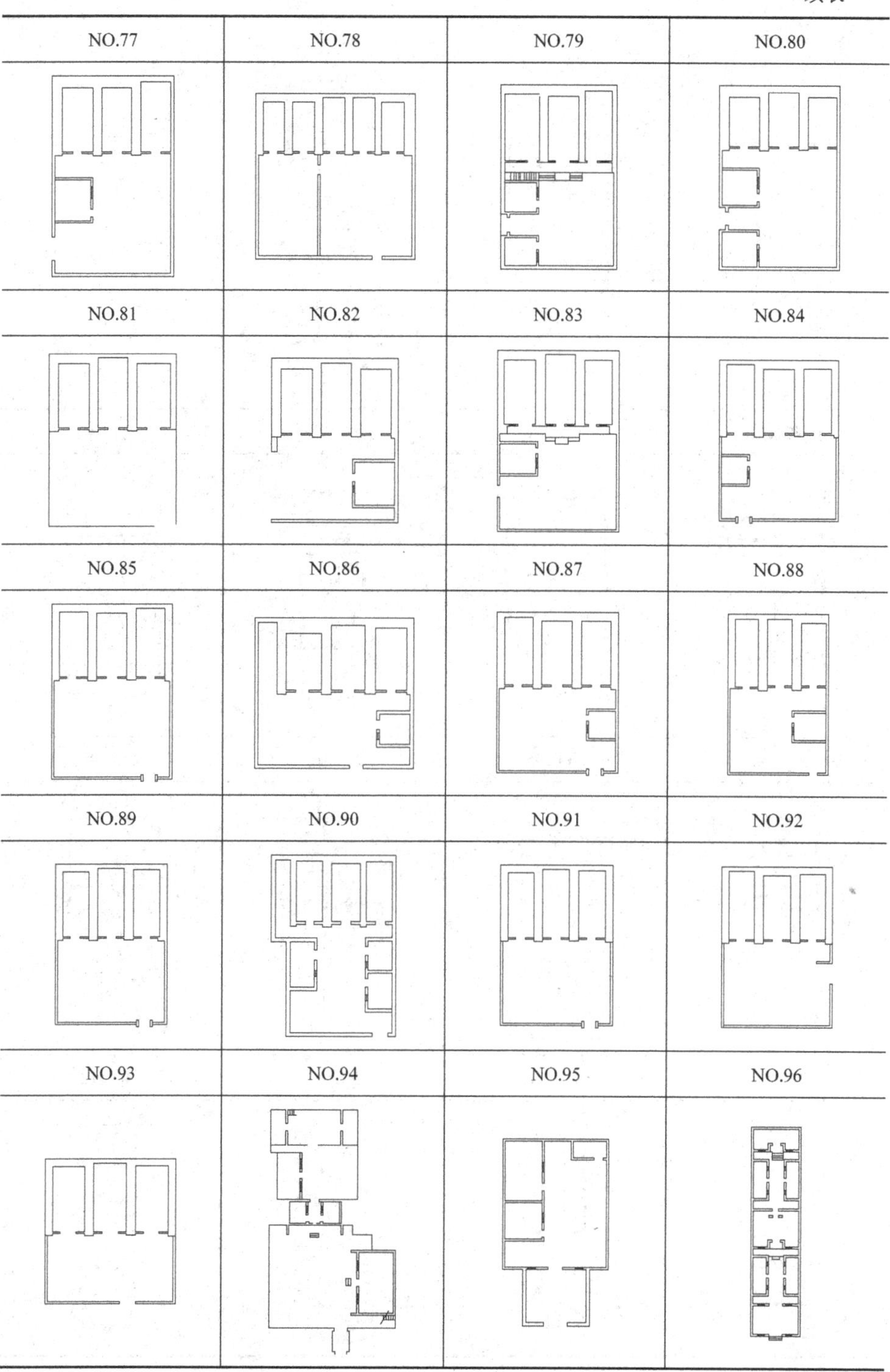
NO.77
NO.78
NO.79
NO.80
NO.81
NO.82
NO.83
NO.84
NO.85
NO.86
NO.87
NO.88
NO.89
NO.90
NO.91
NO.92
NO.93
NO.94
NO.95
NO.96

续表

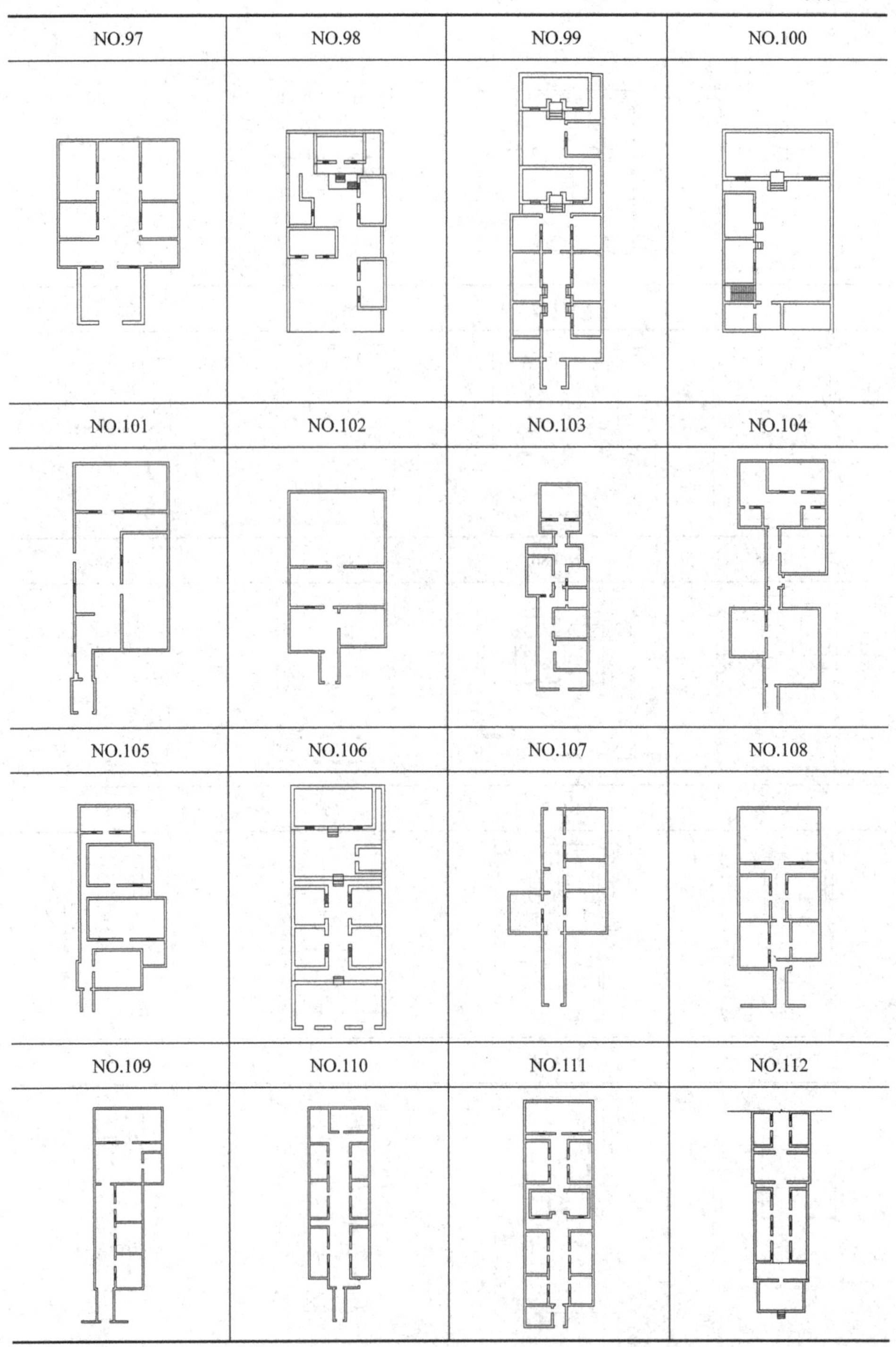
NO.97
NO.98
NO.99
NO.100
NO.101
NO.102
NO.103
NO.104
NO.105
NO.106
NO.107
NO.108
NO.109
NO.110
NO.111
NO.112

续表

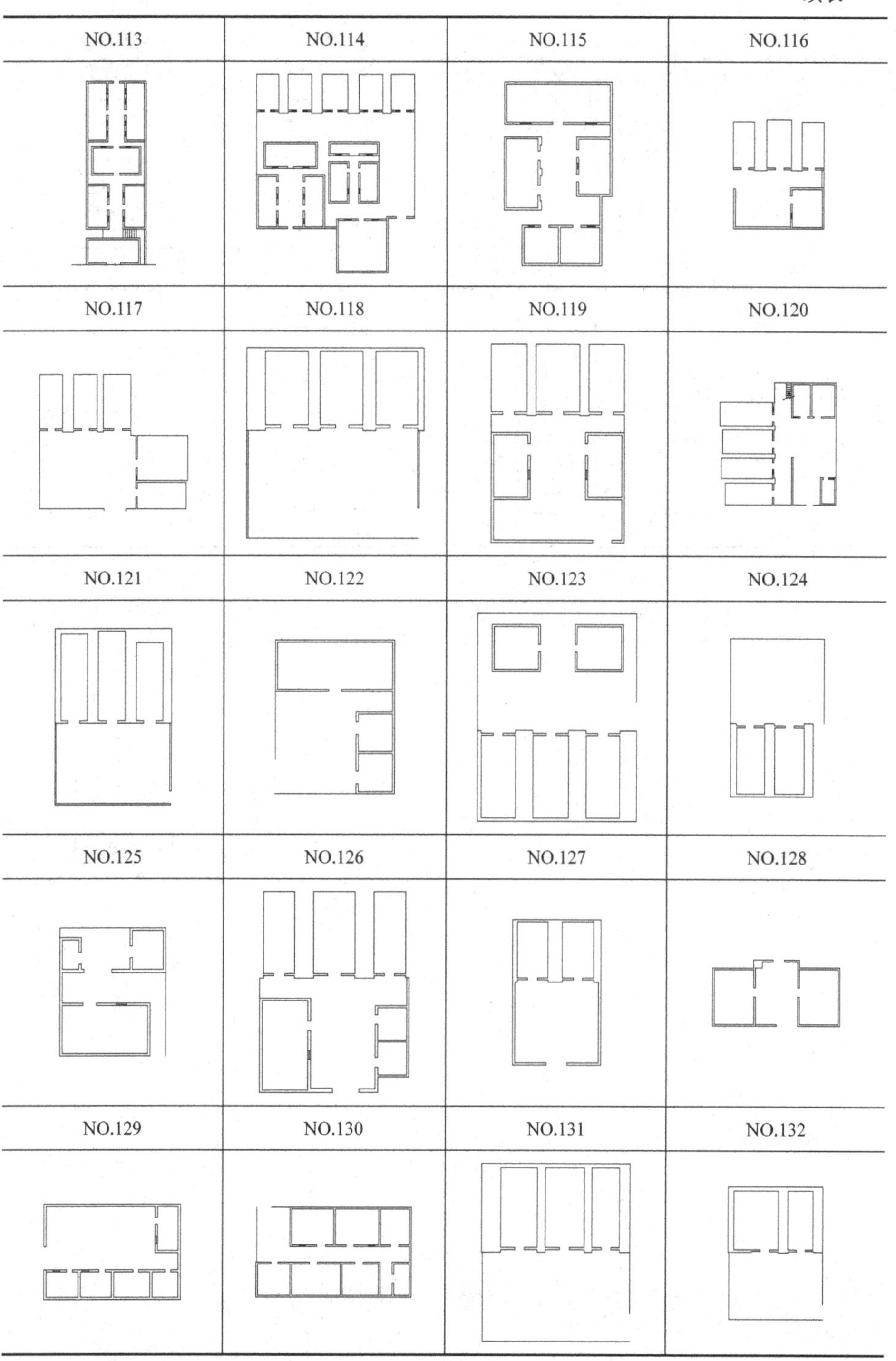
NO.113
NO.114
NO.115
NO.116
NO.117
NO.118
NO.119
NO.120
NO.121
NO.122
NO.123
NO.124
NO.125
NO.126
NO.127
NO.128
NO.129
NO.130
NO.131
NO.132

续表

NO.133	NO.134	NO.135	NO.136
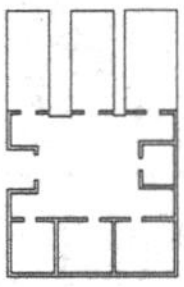	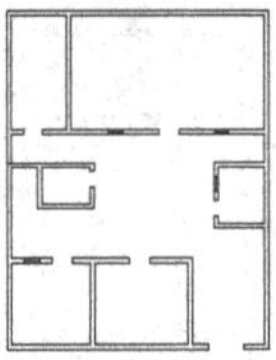	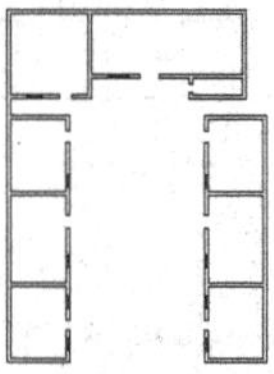	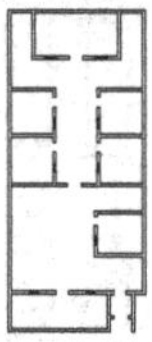
NO.137	NO.138	NO.139	
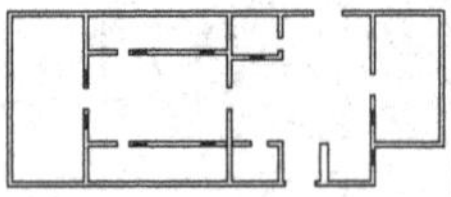	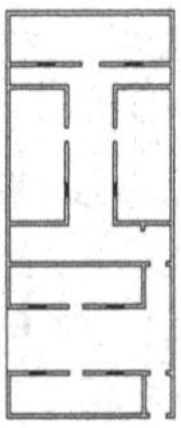	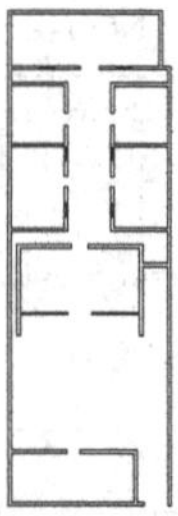	

附录3　空间句法的凸空间分割图

NO.1	NO.2	NO.3	NO.4
NO.5	NO.6	NO.7	NO.8
NO.9	NO.10	NO.11	NO.12
NO.13	NO.14	NO.15	NO.16

续表

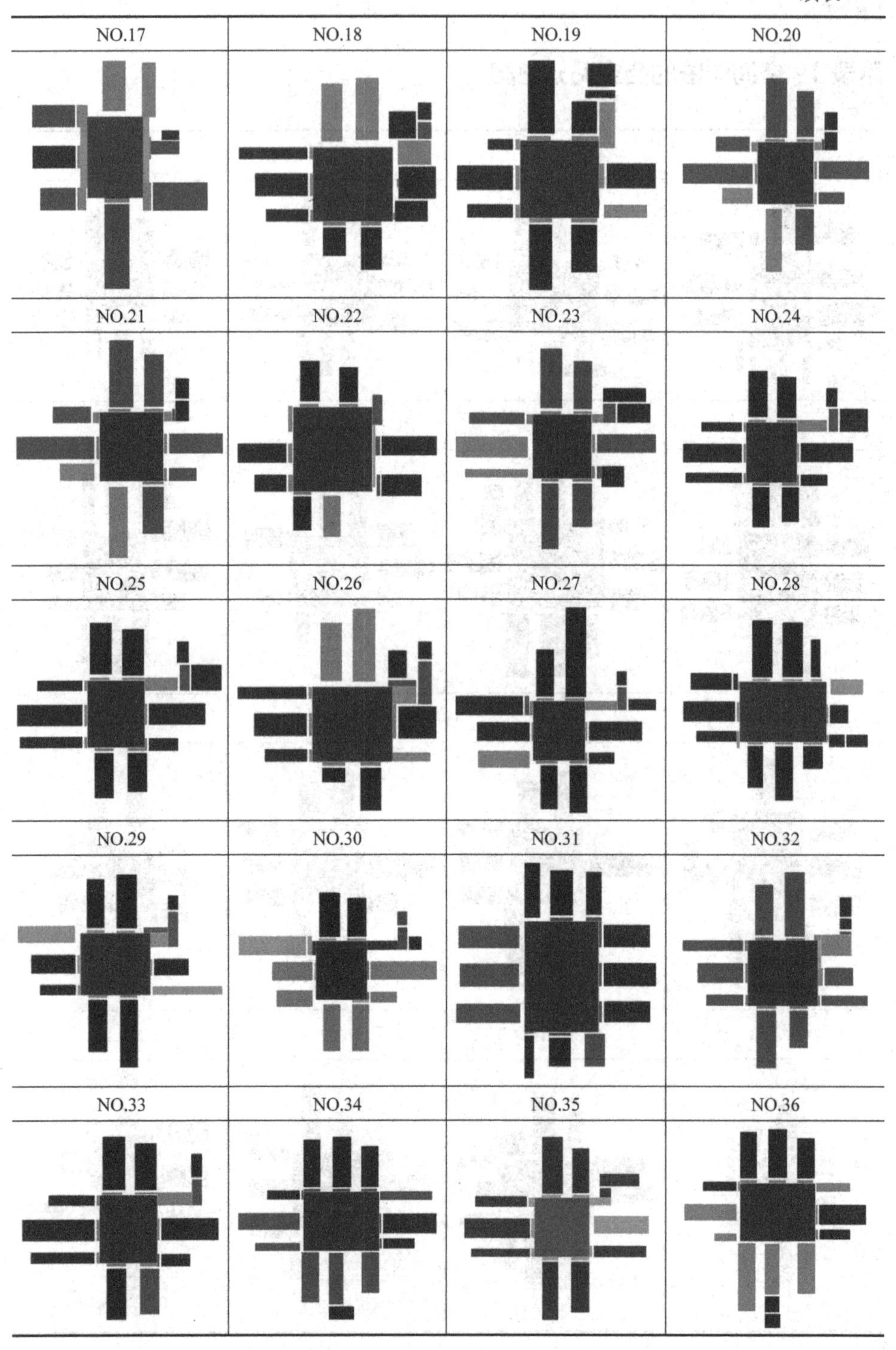
NO.17
NO.18
NO.19
NO.20
NO.21
NO.22
NO.23
NO.24
NO.25
NO.26
NO.27
NO.28
NO.29
NO.30
NO.31
NO.32
NO.33
NO.34
NO.35
NO.36

续表

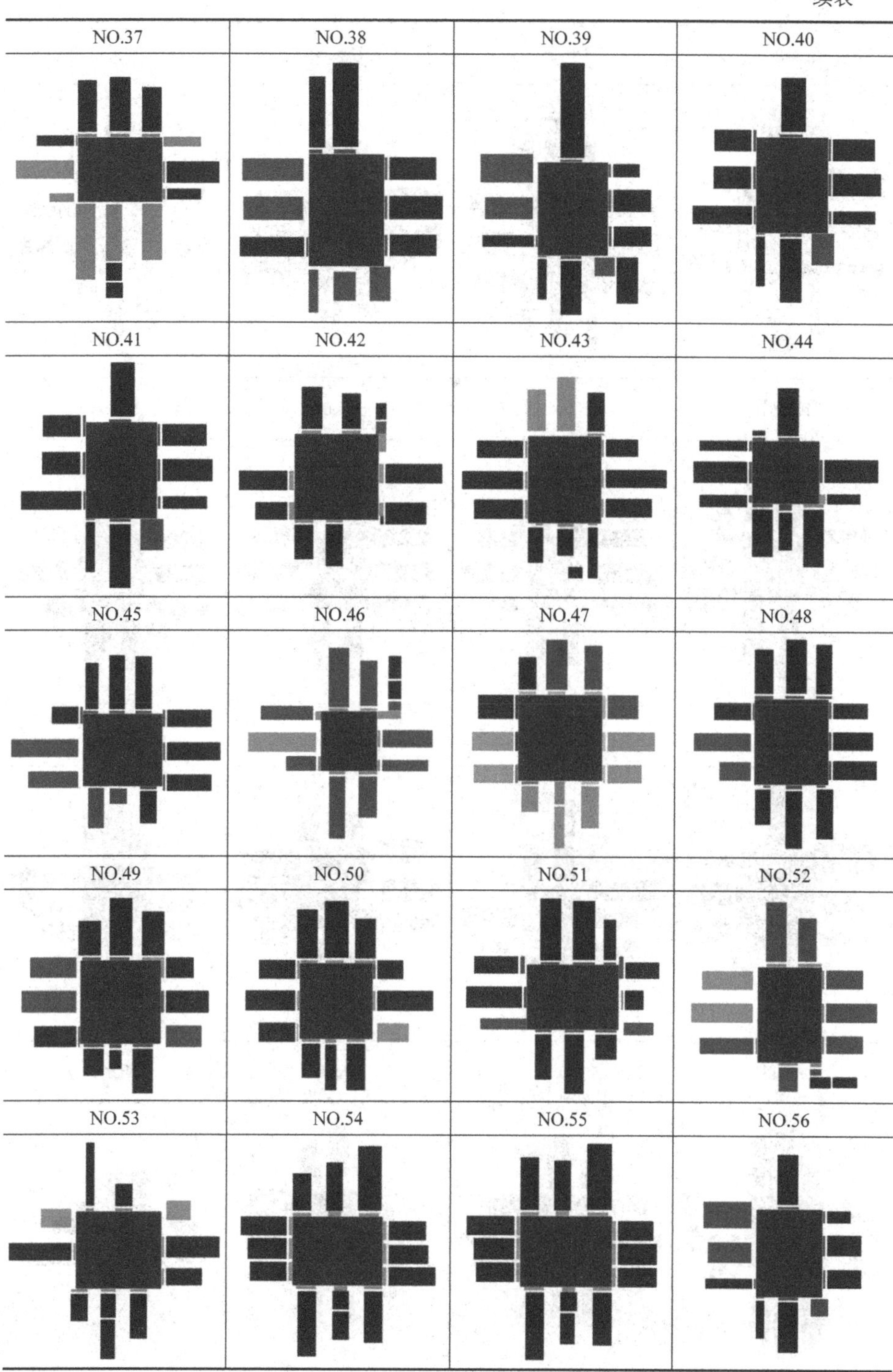
NO.37
NO.38
NO.39
NO.40
NO.41
NO.42
NO.43
NO.44
NO.45
NO.46
NO.47
NO.48
NO.49
NO.50
NO.51
NO.52
NO.53
NO.54
NO.55
NO.56

续表

NO.57	NO.58	NO.59	NO.60
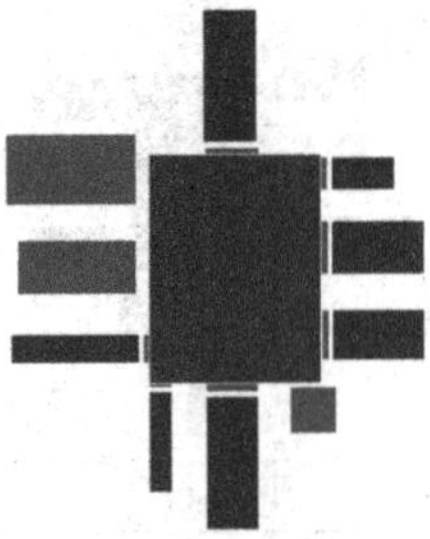	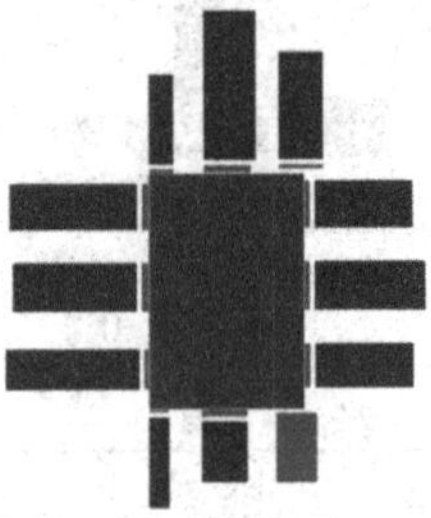	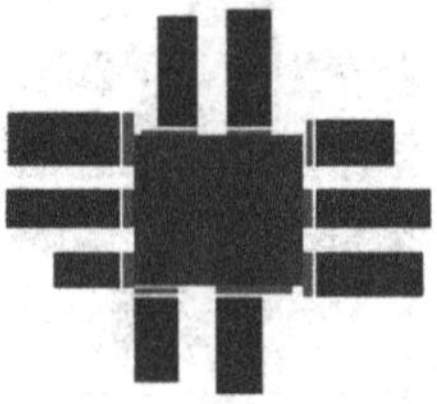	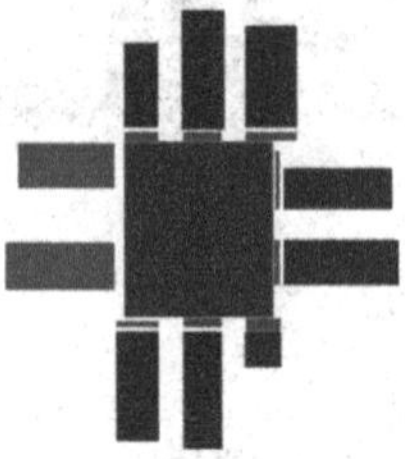
NO.61	NO.62	NO.63	NO.64
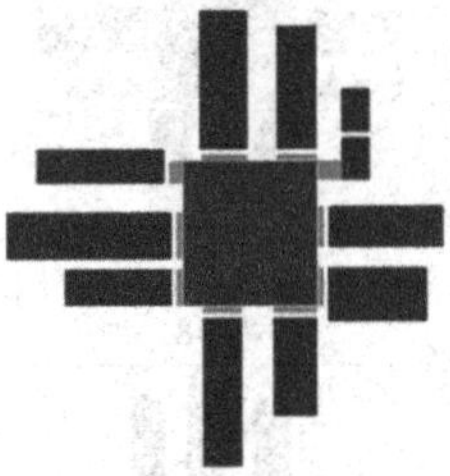	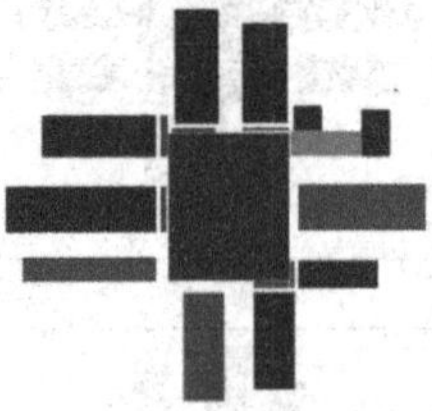		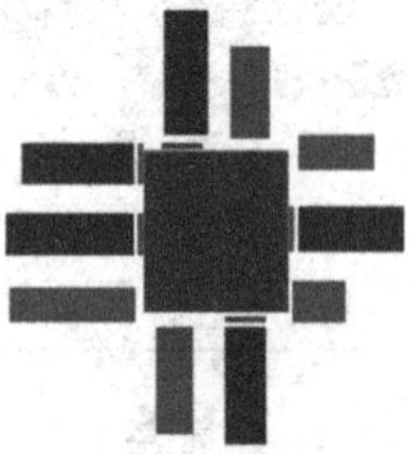
NO.65	NO.66	NO.67	NO.68
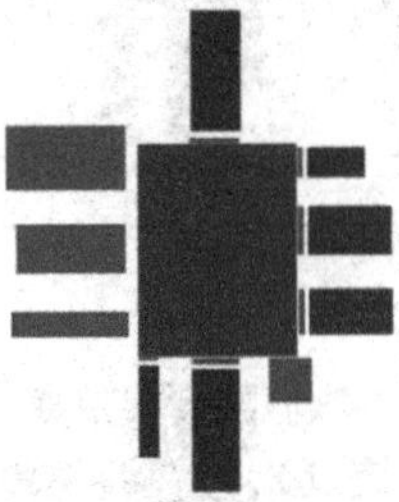	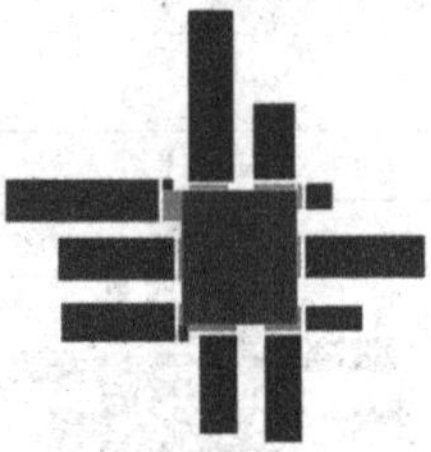	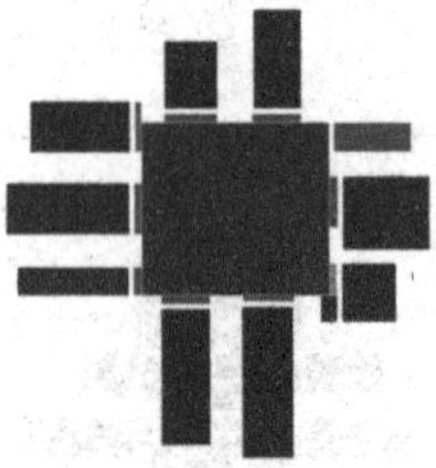	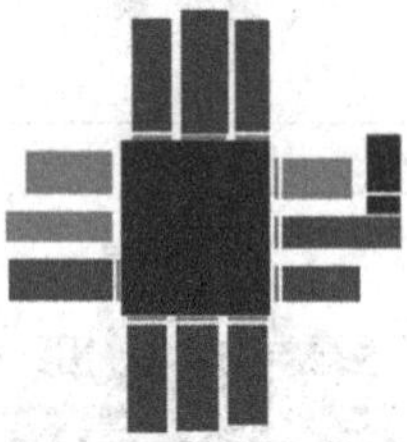
NO.69	NO.70	NO.71	NO.72
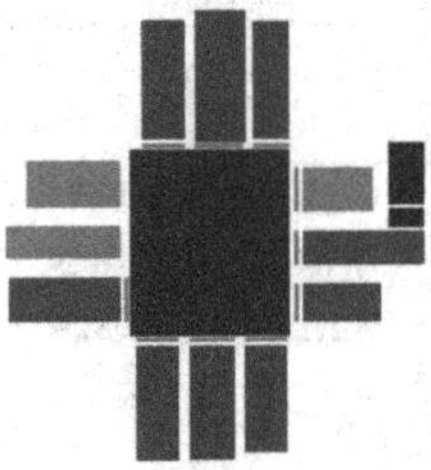	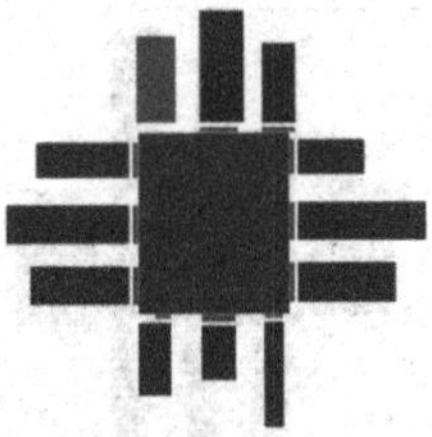	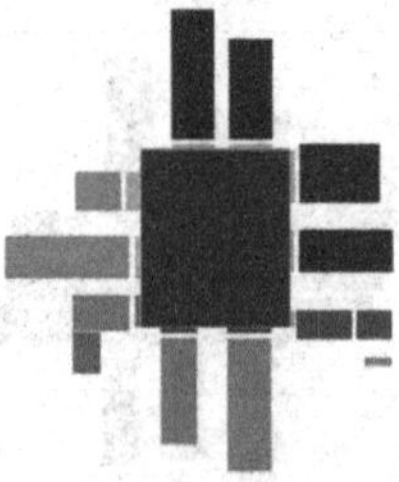	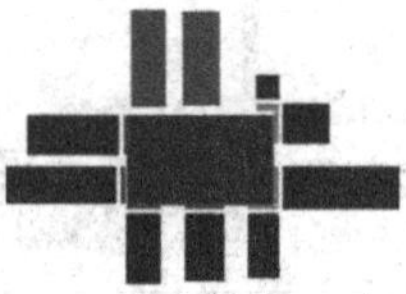

续表

NO.73	NO.74	NO.75	NO.76
NO.77	NO.78	NO.79	NO.80
NO.81	NO.82	NO.83	NO.84
NO.85	NO.86	NO.87	NO.88

续表

NO.89	NO.90	NO.91	NO.92
	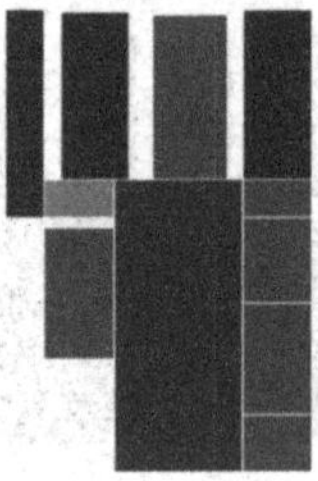		
NO.93	NO.94	NO.95	NO.96
	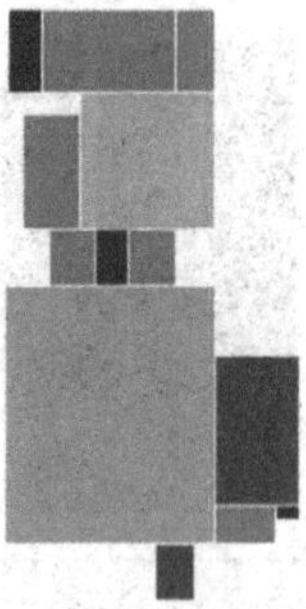		
NO.97	NO.98	NO.99	NO.100

NO.101	NO.102	NO.103	NO.104
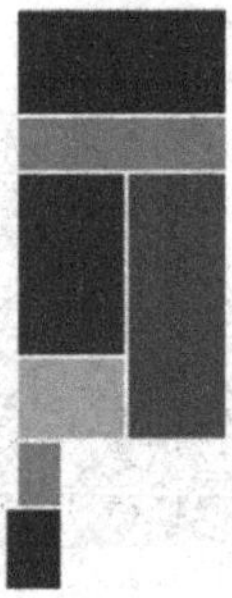			

续表

NO.105	NO.106	NO.107	NO.108
		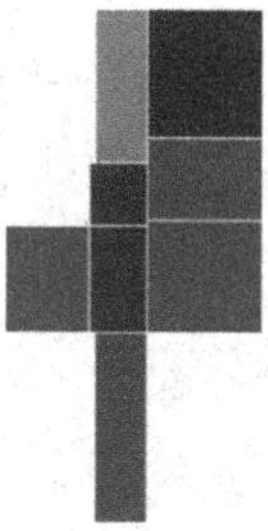	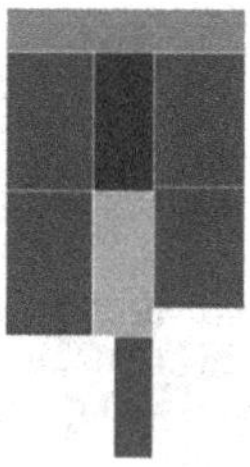
NO.109	NO.110	NO.111	NO.112

NO.113	NO.114	NO.115	NO.116
	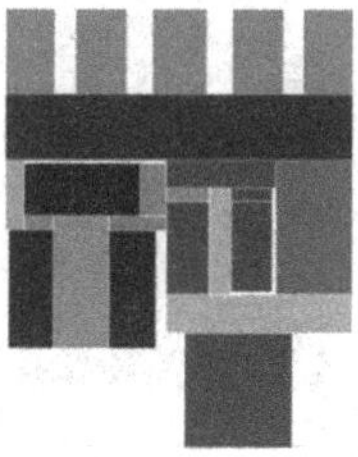	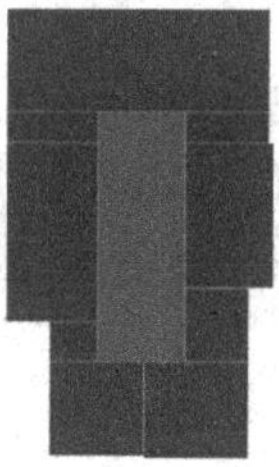	
NO.117	NO.118	NO.119	NO.120
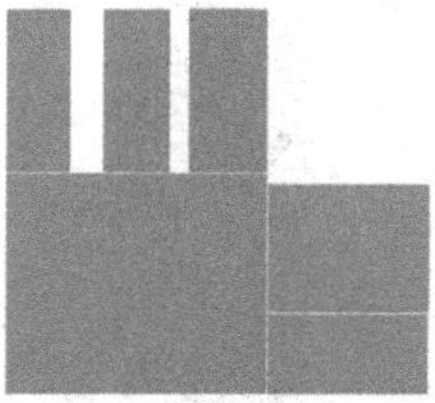		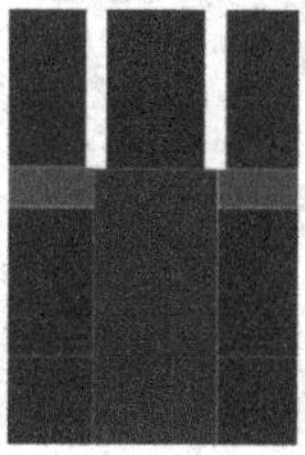	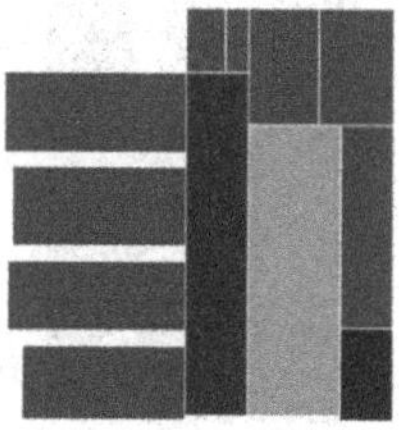

续表

NO.121	NO.122	NO.123	NO.124

NO.125	NO.126	NO.127	NO.128

NO.129	NO.130	NO.131	NO.132

NO.133	NO.134	NO.135	NO.136
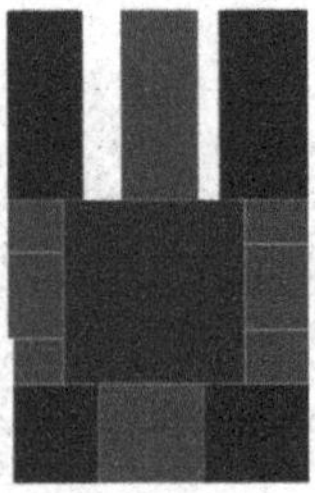	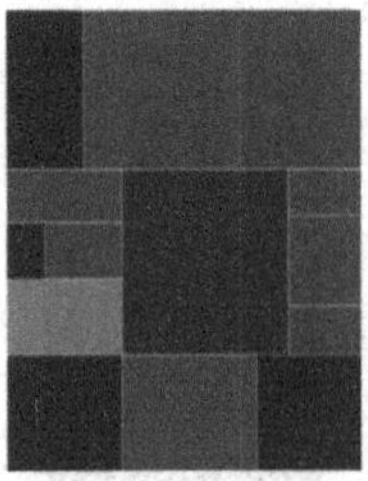	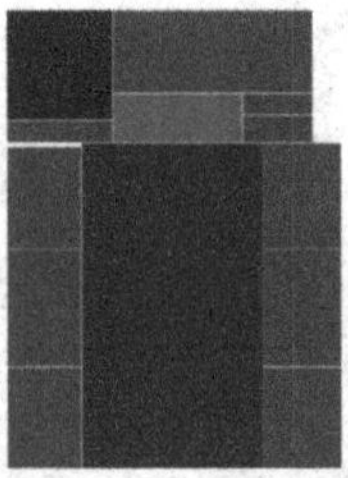	

续表

NO.137	NO.138	NO.139	
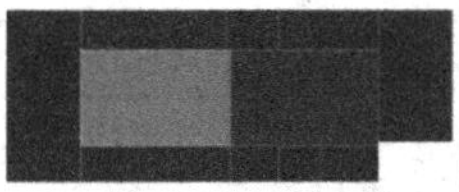	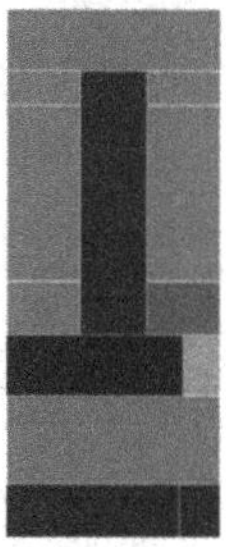		

附录4 空间句法总体建筑数据表

序号	建筑编号	村名	窑洞孔数	连接度	控制度	集合度	平均深度值
1	A1-1	曲村	8	1.9	1.000000031	1.148942907	3.021052635
2	A1-10	北营村	8	2	0.99999999	1.381740469	2.742857105
3	A1-2	曲村	8	2.222222222	1.000000009	1.076341312	3.013071906
4	A1-3	刘寺村	8	1.904761905	1.000000001	1.306963259	2.838095238
5	A1-4	刘寺村	8	1.894736842	1	1.170989796	2.900584779
6	A1-5	刘寺村	8	1.984344194	1.000000006	1.216995548	2.903132332
7	A1-6	刘寺村	8	1.923076923	1.000000021	1.356543695	2.972307715
8	A1-7	刘寺村	8	2	1.00000001	1.137999898	3.280000004
9	A1-8	窑底村	8	1.904761905	1.000000042	1.244760359	2.914285743
10	A1-9	曲村	8	1.894736842	1.000000001	1.327727732	2.725146163
11	A2-1	刘寺村	10	1.904761905	1.000000001	1.208998771	2.980952371
12	A2-10	刘寺村	10	1.913043478	1.000000002	1.211739817	3.059288526
13	A2-11	刘寺村	10	2	1.000000032	1.217551304	2.999999995
14	A2-12	刘寺村	10	1.904761905	1.000000001	1.306963259	2.838095238
15	A2-13	窑底村	10	1.904761905	1.000000026	1.539252467	2.590476171
16	A2-14	窑底村	10	1.888888889	1.000000004	1.542654581	2.477124217
17	A2-15	窑底村	10	1.894736842	1	1.400246374	2.643274842
18	A2-16	窑底村	10	1.9	1	1.380711275	2.70526313
19	A2-17	北营村	10	1.909090909	1.000000001	1.2097886	3.025974018
20	A2-18	北营村	10	1.888888889	1	1.426514218	2.575163378
21	A2-19	庙上村	10	1.904761905	1	1.366044952	2.761904714
22	A2-2	刘寺村	10	2	0.999999991	1.266110876	2.972332022
23	A2-20	庙上村	10	1.894736842	1	1.400246374	2.643274842
24	A2-21	庙上村	10	1.909090909	1.000000001	1.300782804	2.887445918
25	A2-22	庙上村	10	2	0.999999993	1.426671673	2.608187142
26	A2-23	庙上村	10	1.875	1	1.513302859	2.416666681
27	A2-24	庙上村	10	1.875	1	1.513302859	2.416666681
28	A2-25	庙上村	10	1.882352941	1	1.462492209	2.5
29	A2-26	庙上村	10	2	0.999999998	1.36431866	2.83003953
30	A2-27	庙上村	10	1.904761905	1.000000004	1.370782026	2.752380914
31	A2-28	官寨头村	10	2.105263158	1.000000003	1.440842999	2.596491242
32	A2-29	曲村	10	1.916666667	1.000000003	1.353254225	2.898550654
33	A2-3	刘寺村	10	2.111111111	1.000000003	1.473527983	2.522875867
34	A2-30	北营村	10	1.909090909	1.000000002	1.268029435	2.943723

续表

序号	建筑编号	村名	窑洞孔数	连接度	控制度	集合度	平均深度值
35	A2-31	北营村	10	1.909090909	1.000000002	1.36881097	2.805194823
36	A2-32	官寨头村	10	1.9312753	1.000000001	1.39521144	2.700504774
37	A2-4	刘寺村	10	2	1.000000013	1.319877915	2.80952381
38	A2-5	刘寺村	10	2	1.000000007	1.304843895	2.828571457
39	A2-6	刘寺村	10	1.944103922	1.000000001	1.37740325	2.723844505
40	A2-7	曲村	10	1.92	1.000000001	1.227439876	3.133333344
41	A2-8	曲村	10	2	0.999999991	1.221458176	3.008658009
42	A2-9	刘寺村	10	1.904761905	1.000000011	1.315852502	2.819047624
43	A3-1	曲村	12	1.92	1.000000026	1.40889991	2.866666668
44	A3-10	曲村	12	1.916666667	1.000000024	1.417881518	2.822463717
45	A3-11	曲村	12	1.92	1.00000002	1.360434726	2.933333352
46	A3-12	曲村	12	1.894736842	1.000000032	1.249314919	2.818713395
47	A3-13	曲村	12	1.92	1.000000026	1.40889991	2.866666668
48	A3-14	刘寺村	12	1.9	1.000000024	1.574093869	2.52631578
49	A3-15	窑底村	12	1.904761905	1.000000019	1.462867166	2.66666669
50	A3-16	窑底村	12	2	1.000000011	1.411911809	2.895384654
51	A3-17	窑底村	12	1.916666667	1.000000024	1.417881518	2.822463717
52	A3-18	北营村	12	1.904761905	1.000000026	1.539252467	2.590476171
53	A3-19	北营村	12	1.948071657	1.000000011	1.377212132	2.799245432
54	A3-2	曲村	12	2	0.999999996	1.275659255	3.053333328
55	A3-20	北营村	12	1.913043478	1.000000029	1.491304339	2.703557326
56	A3-21	北营村	12	2	1.000000009	1.528362112	2.632034691
57	A3-22	北营村	12	2	1.000000005	1.37134748	2.869565163
58	A3-23	北营村	12	1.909090909	1.000000002	1.36881097	2.805194823
59	A3-24	北营村	12	1.916666667	1.000000031	1.474619257	2.753623133
60	A3-25	北营村	12	1.913043478	1.000000029	1.491304339	2.703557326
61	A3-26	北营村	12	1.923076923	1.000000027	1.401924715	2.907692377
62	A3-27	北营村	12	1.923076923	1.000000027	1.401924715	2.907692377
63	A3-28	官寨头村	12	1.92	1.000000008	1.376827512	2.92
64	A3-29	官寨头村	12	2	0.999999991	1.779447768	2.350877258
65	A3-3	刘寺村	12	1.913043478	1.000000023	1.429371751	2.774703535
66	A3-30	官寨头村	12	1.916666667	1.000000031	1.474619257	2.753623133
67	A3-4	刘寺村	12	2	1.000000028	1.594845682	2.50526316
68	A3-5	曲村	12	1.923076923	1.000000027	1.401924715	2.907692377
69	A3-6	曲村	12	1.916666667	1.000000007	1.382933813	2.876811554

续表

序号	建筑编号	村名	窑洞孔数	连接度	控制度	集合度	平均深度值
70	A3-7	曲村	12	1.92	1.000000008	1.474708028	2.79333332
71	A3-8	曲村	12	1.916666667	1.000000031	1.474619257	2.753623133
72	A3-9	曲村	12	2	0.999999976	1.642379029	2.59782605
73	B1	魏井村	3	1.714285714	1	1.475856514	1.904761886
74	B10	魏井村	3	1.714285714	1	1.475856514	1.904761886
75	B11	魏井村	3	1.714285714	1	1.475856514	1.904761886
76	B12	魏井村	3	1	0.33333334	0.5	1.6666666
77	B13	魏井村	3	1.73702381	0.91666667	1.362776209	2.300318289
78	B14	魏井村	3	1.714285714	1	1.475856514	1.904761886
79	B15	魏井村	3	1.714285714	1	1.475856514	1.904761886
80	B16	魏井村	3	1	0.33333334	0.5	1.6666666
81	B17	魏井村	3	1.818181818	1.000000021	1.381648521	2.218181827
82	B18	魏井村	3	1	0.33333334	0.5	1.6666666
83	B19	魏井村	3	1.6	1.000000016	0.929263314	1.8
84	B2	魏井村	4	1.75	0.999999994	1.728408936	1.928571425
85	B20	魏井村	3	1	0.33333334	0.5	1.6666666
86	B21	天硐村	5	2	1.000000007	0.862788459	3.628458526
87	B22	天硐村	1	1.8	1	2.186031725	1.95555557
88	B23	天硐村	3	1.666666667	1	1.207728673	1.866666683
89	B24	天硐村	3	1	0.2	0.87255627	1.8
90	B25	天硐村	3	1	0.33333334	0.5	1.6666666
91	B26	天硐村	3	1.8	1.000000015	1.5125	2.11111112
92	B27	天硐村	4	1.833333333	1	1.262859932	2.333333292
93	B28	天硐村	3	1	0.33333334	0.5	1.6666666
94	B29	天硐村	1	1	0.25	0.70398736	1.75
95	B3	魏井村	3	1	0.33333334	0.5	1.6666666
96	B30	天硐村	3	1.714285714	0.999999997	1.100393991	2.000000014
97	B31	天硐村	2	1	0.5	0.21089678	1.5
98	B32	天硐村	3	1.777777778	0.999999987	1.353217293	2.111111111
99	B33	天硐村	2	1	0.5	0.21089678	1.5
100	B34	天硐村	3	1	0.33333334	0.5	1.6666666
101	B35	天硐村	2	1	0.5	0.21089678	1.5
102	B36	天硐村	3	1.846153846	1	1.386297377	2.358974354
103	B4	魏井村	3	1.334031048	0.690476189	0.710371286	1.805250297
104	B5	魏井村	5	1.714285714	0.999999997	1.100393991	2.000000014

续表

序号	建筑编号	村名	窑洞孔数	连接度	控制度	集合度	平均深度值
105	B6	魏井村	3	1.75	1	1.14928747	2.071428675
106	B7	魏井村	3	1.75	0.999999994	1.728408936	1.928571425
107	B8	魏井村	2	1	0.33333334	0.5	1.6666666
108	B9	魏井村	3	1.714285714	1	1.475856514	1.904761886
109	C1	魏井村		1.714285714	1.000000017	0.864745323	2.190476171
110	C10	神屋村		1.6	1.000000016	0.929263314	1.8
111	C11	神屋村		1.846153846	1.000000006	1.661354911	2.153846162
112	C12	神屋村		1.833333333	1.000000008	1.03834876	2.575757558
113	C13	神屋村		1.8	1.00000001	0.871941393	2.62222221
114	C14	神屋村		1.857142857	0.999999986	1.36672299	2.362637336
115	C15	神屋村		1.75	1.000000005	0.945083696	2.250000013
116	C16	神屋村		1.777777778	1	1.040210238	2.277777778
117	C17	神屋村		2	1	1.255868128	2.083333333
118	C18	神屋村		1.866666667	1.000000004	3.107697773	1.98095238
119	C19	神屋村		1.882352941	0.999999998	0.883107136	3.205882353
120	C2	神屋村		2	1	0.931963756	2.901098879
121	C20	神屋村		1.833333333	1.000000002	1.001185302	2.575757608
122	C21	神屋村		2.4	1.000000004	1.325701069	2.39999996
123	C22	天硐村		1.714285714	0.999999997	1.100393991	2.000000014
124	C23	天硐村		1	0.5	0.21089678	1.5
125	C24	天硐村		1.714285714	1	1.475856514	1.904761886
126	C25	天硐村		1.8	1	2.186031725	1.95555557
127	C26	天硐村		1.846153846	1.000000014	1.402111897	2.333333323
128	C27	浅井村		2	0.999999995	1.567601472	2.179487192
129	C28	浅井村		1.866666667	1	1.260156811	2.55238098
130	C29	浅井村		1.818181818	1	1.447663639	2.145454545
131	C3	神屋村		1	0.16666667	1.0189475	1.8333334
132	C30	浅井村		1.846153846	1.000000002	0.874275013	2.897435915
133	C31	浅井村		1.772538703	0.911111112	1.319572692	2.291028934
134	C4	神屋村		1.866666667	1	0.868565885	3.104761853
135	C5	神屋村		1.714285714	1	1.475856514	1.904761886
136	C6	神屋村		1.833333333	0.999999995	0.972259506	2.651515175
137	C7	神屋村		1.875	0.999999983	0.939219263	3.083333338
138	C8	神屋村		1.777777778	1.000000026	1.401714083	2.055555556
139	C9	神屋村		1.714285714	1.000000007	0.719977144	2.380952386

附录5　空间句法庭院数据表

序号	建筑编号	村名	窑洞孔数	连接度	控制度	集合度	平均深度值
1	A3-5	曲村	12	12	6	4.1987286	1.5599999
2	A3-6	曲村	12	13	9	3.9824195	1.5652174
3	A3-9	曲村	12	14	8.5	5.7523837	1.3913044
4	A3-7	曲村	12	13	8	4.6040106	1.5
5	A3-8	曲村	12	12	6.5	4.7064958	1.4782609
6	A3-1	曲村	12	12	6.5	4.249856	1.5416666
7	A3-10	曲村	12	12	7	4.3142877	1.5217391
8	A3-11	曲村	12	12	7	3.9462945	1.5833334
9	A2-7	曲村	10	11	6	3.2498896	1.7083334
10	A1-9	曲村	8	10	6.5	3.9266381	1.5
11	A3-12	曲村	12	9	5	3.5339744	1.5555556
12	A1-1	曲村	8	9	5	2.9607217	1.6842105
13	A2-29	曲村	10	11	5.5	3.9824195	1.5652174
14	A3-2	曲村	12	11	5.6666665	3.4530077	1.6666666
15	A2-8	曲村	10	10	5.1666665	3.2142856	1.6666666
16	A1-2	曲村	8	7	3	2.3046701	1.8235294
17	A3-13	曲村	12	12	6.5	4.249856	1.5416666
18	A2-9	刘寺村	10	10	5.8333335	3.7918718	1.55
19	A1-3	刘寺村	8	10	5.5	3.7918718	1.55
20	A2-1	刘寺村	10	10	6	3.2085068	1.65
21	A3-3	刘寺村	12	12	7.5	4.3958688	1.5
22	A1-4	刘寺村	8	8	4.75	2.9449787	1.6666666
23	A1-5	刘寺村	8	9	5.5	3.5850422	1.5294118
24	A2-2	刘寺村	10	10	4.6666665	3.4538968	1.6363636
25	A2-3	刘寺村	10	10	5.8333335	4.6093402	1.4117647
26	A2-5	刘寺村	10	10	6.0833335	3.4758823	1.6
27	A2-10	刘寺村	10	10	5.5	3.2236371	1.6818181
28	A1-6	刘寺村	8	12	6.5	3.9188135	1.6
29	A2-4	刘寺村	10	10	5.8333335	3.7918718	1.55
30	A2-6	刘寺村	10	10	6	3.2142856	1.6666666
31	A3-4	刘寺村	12	12	8.166667	5.4984832	1.3684211
32	A1-7	刘寺村	8	10	4.8333335	2.7624063	1.8333334
33	A2-11	刘寺村	10	9	4	3.2142856	1.6666666
34	A3-14	刘寺村	12	12	8.5	5.4984832	1.3684211

续表

序号	建筑编号	村名	窑洞孔数	连接度	控制度	集合度	平均深度值
35	A2-12	刘寺村	10	10	5.5	3.7918718	1.55
36	A3-15	窑底村	12	12	8.5	4.63451	1.45
37	A2-13	窑底村	10	12	8	5.2138238	1.4
38	A2-14	窑底村	10	11	8	5.3775635	1.3529412
39	A2-15	窑底村	10	10	6	4.4174681	1.4444444
40	A2-16	窑底村	10	10	5.5	4.276598	1.4736842
41	A3-16	窑底村	12	12	5.6666665	4.1987286	1.5599999
42	A1-8	窑底村	8	9	4.3333335	3.4758823	1.6
43	A3-17	窑底村	12	12	7	4.3142877	1.5217391
44	A1-10	北营村	8	10	4.6666665	4.1710587	1.5
45	A3-18	北营村	12	12	8	5.2138238	1.4
46	A2-17	北营村	10	10	5.5	3.2142856	1.6666666
47	A3-19	北营村	12	12	6.5	4.7064958	1.4782609
48	A3-20	北营村	12	12	7	4.8354554	1.4545455
49	A3-21	北营村	12	12	7.1666665	5	1.4285715
50	A3-22	北营村	12	11	5.5	3.9824195	1.5652174
51	A3-25	北营村	12	12	7	4.8354554	1.4545455
52	A2-30	北营村	10	11	7	3.4615386	1.6190476
53	A2-31	北营村	10	11	6.5	4.090909	1.5238096
54	A3-26	北营村	12	12	6	4.1987286	1.5599999
55	A3-27	北营村	12	12	6	4.1987286	1.5599999
56	A2-18	北营村	10	10	6.5	4.6093402	1.4117647
57	A3-23	北营村	12	11	6.5	4.090909	1.5238096
58	A3-24	北营村	12	12	6.5	4.7064958	1.4782609
59	A2-19	庙上村	10	10	5	4.1710587	1.5
60	A2-20	庙上村	10	10	6	4.4174681	1.4444444
61	A2-21	庙上村	10	10	5	3.75	1.5714285
62	A2-22	庙上村	10	10	6	4.4174681	1.4444444
63	A2-23	庙上村	10	10	7.5	5.2718801	1.3333334
64	A2-24	庙上村	10	10	7.5	5.2718801	1.3333334
65	A2-25	庙上村	10	10	7	4.8784008	1.375
66	A2-26	庙上村	10	10	4.5	4.0295463	1.5454545
67	A2-27	庙上村	10	10	5.3333335	4.1710587	1.5
68	A3-28	官寨头村	12	13	8.5	3.9462945	1.5833334
69	A3-29	官寨头村	12	13	9.833333	7.0679488	1.2777778

续表

序号	建筑编号	村名	窑洞孔数	连接度	控制度	集合度	平均深度值
70	A3-30	官寨头村	12	12	6.5	4.7064958	1.4782609
71	A2-32	官寨头村	10	9	4.5	2.8125	1.7619047
72	A2-28	官寨头村	10	10	5.3333335	4.4174681	1.4444444
73	B1	魏井村	3	5	4.5	5.0947375	1.1666666
74	C1	魏井村		3	1.8333334	1.6982459	1.5
75	B2	魏井村	4	6	5.5	6.8957248	1.1428572
76	B3	魏井村	3	3	3	—	1
77	B4	魏井村	3	5	4.5	5.0947375	1.1666666
78	B5	魏井村	5	4	3.3333333	2.5473688	1.3333334
79	B6	魏井村	3	4	3.25	2.2985749	1.4285715
80	B7	魏井村	3	6	5.5	6.8957248	1.1428572
81	B8	魏井村	2	3	3	—	1
82	B9	魏井村	3	5	4.5	5.0947375	1.1666666
83	B10	魏井村	3	5	4.5	5.0947375	1.1666666
84	B11	魏井村	3	5	4.5	5.0947375	1.1666666
85	B12	魏井村	3	3	3	—	1
86	B13	魏井村	3	6	5.5	6.8957248	1.1428572
87	B14	魏井村	3	5	4.5	5.0947375	1.1666666
88	B15	魏井村	3	5	4.5	5.0947375	1.1666666
89	B16	魏井村	3	3	3	—	1
90	B17	魏井村	3	7	5.8333335	4.4234166	1.3
91	B18	魏井村	3	3	3	—	1
92	B19	魏井村	3	3	2.5	2.1119621	1.25
93	B20	魏井村	3	3	3	—	1
94	C2	神垕村		4	2.888888867	1.271978503	2.3076923
95	C3	神垕村		6	6	—	1
96	C4	神垕村		8	7.5	1.471094	2.1428571
97	C5	神垕村		5	4.5	5.0947375	1.1666666
98	C6	神垕村		6	5	1.9585886	1.7272727
99	C7	神垕村		9	8.333333	1.7572933	2
100	C8	神垕村		6	5.3333335	4.435111	1.25
101	C9	神垕村		3	2	1.2736844	1.6666666
102	C10	神垕村		3	2.5	2.1119621	1.25
103	C11	神垕村		6.5	5.6805556	4.1674107	1.4583333
104	C12	神垕村		4	2.888888933	1.6746451	1.939393933

续表

序号	建筑编号	村名	窑洞孔数	连接度	控制度	集合度	平均深度值
105	C13	神厔村		3.5	2.04166665	1.5714285	1.7777778
106	C14	神厔村		8	7.1999998	3.4684207	1.4615384
107	C15	神厔村		3	2.1388889	1.436609333	1.7619047
108	C16	神厔村		4	3	1.99579995	1.5625
109	C17	神厔村		4.5	3.225	2.58714805	1.4375
110	C18	神厔村		13	12.5	23.537504	1.0714285
111	C19	神厔村		8	7.5	1.3304729	2.375
112	C20	神厔村		5.5	5	1.58269785	1.90909095
113	C21	神厔村		6	4.08333335	2.0922226	1.85714285
114	B21	天硐村	5	6	4.9444445	1.089574293	3.045454533
115	B22	天硐村	1	8	7.5	11	1.1111112
116	B23	天硐村	3	4	3.5	3.4902251	1.2
117	B24	天硐村	3	5	5	—	1
118	B25	天硐村	3	3	3	—	1
119	B26	天硐村	3	7	6	5.5	1.2222222
120	B27	天硐村	4	7	6.25	3.1337419	1.4545455
121	B28	天硐村	3	3	3	—	1
122	B29	天硐村	1	4	4	—	1
123	B30	天硐村	3	3.5	2.79166665	2.12280735	1.4166667
124	B31	天硐村	2	2	2	—	1
125	C22	天硐村		3.5	2.79166665	2.12280735	1.4166667
126	B32	天硐村	3	6	5	4.435111	1.25
127	B33	天硐村	2	2	2	—	1
128	C23	天硐村		2	2	—	1
129	C24	天硐村		5	4.5	5.0947375	1.1666666
130	C25	天硐村		8	7.5	11	1.1111112
131	B34	天硐村	3	3	3	—	1
132	B35	天硐村	2	2	6	—	0.5
133	B36	天硐村	3	8	6	4.5462661	1.3333334
134	C26	天硐村		8	6.3333335	4.5462661	1.3333334
135	C27	浅井村		8	6.5333333	4.5462661	1.3333334
136	C28	浅井村		6	4.4375	2.66197975	1.6785714
137	C29	浅井村		5.5	4.69642855	3.31756245	1.45
138	C30	浅井村		5.5	5	1.190688785	2.375
139	C31	浅井村		7	6	2.61527835	1.85714295

附录6　空间句法主要房间数据表

序号	建筑编号	村名	窑洞孔数	连接度	控制度	集合度	平均深度值
1	A3-5	曲村	12	1	0.5	0.97970337	3.4000001
2	A3-6	曲村	12	1	0.5	0.94129914	3.3913043
3	A3-9	曲村	12	1	0.5	1.0151266	3.2173913
4	A3-7	曲村	12	1	0.5	0.98657364	3.3333333
5	A3-8	曲村	12	1	0.5	0.97681987	3.3043478
6	A3-1	曲村	12	1	0.5	0.96926534	3.375
7	A3-10	曲村	12	1	0.5	0.95873064	3.347826
8	A3-11	曲村	12	1	0.5	0.95255387	3.4166667
9	A2-7	曲村	10	1	0.5	0.90570694	3.5416667
10	A1-9	曲村	8	1	0.5	0.86194497	3.2777777
11	A3-12	曲村	12	1	0.5	0.84142244	3.3333333
12	A1-1	曲村	8	1	0.5	0.81892306	3.4736843
13	A2-29	曲村	10	1	0.5	0.94129914	3.3913043
14	A3-2	曲村	12	1	0.5	0.92080206	3.5
15	A2-8	曲村	10	1	0.5	0.86538464	3.4761906
16	A1-2	曲村	8	1	0.5	0.62048811	4.0588236
17	A3-13	曲村	12	1	0.5	0.96926534	3.375
18	A2-9	刘寺村	10	1	0.5	0.88745934	3.3499999
19	A1-3	刘寺村	8	1	0.5	0.88745934	3.3499999
20	A2-1	刘寺村	10	1	0.5	0.85123652	3.45
21	A3-3	刘寺村	12	1	0.5	0.94812852	3.3181818
22	A1-4	刘寺村	8	1	0.5	0.80317599	3.4444444
23	A1-5	刘寺村	8	1	0.5	0.82731748	3.2941177
24	A2-2	刘寺村	10	1	0.5	0.8954547	3.4545455
25	A2-3	刘寺村	10	1	0.5	0.87203729	3.1764705
26	A2-5	刘寺村	10	1	0.5	0.86897057	3.4000001
27	A2-10	刘寺村	10	1	0.5	0.8791737	3.5
28	A1-6	刘寺村	8	1	0.5	0.96364266	3.4400001
29	A2-4	刘寺村	10	1	0.5	0.88745934	3.3499999
30	A2-6	刘寺村	10	1	0.5	0.86538464	3.4761906

续表

序号	建筑编号	村名	窑洞孔数	连接度	控制度	集合度	平均深度值
31	A3-4	刘寺村	12	1	0.5	0.93876541	3.1578948
32	A1-7	刘寺村	8	1	0.5	0.86325192	3.6666667
33	A2-11	刘寺村	10	1	0.5	0.86538464	3.4761906
34	A3-14	刘寺村	12	1	0.5	0.93876541	3.1578948
35	A2-12	刘寺村	10	1	0.5	0.88745934	3.3499999
36	A3-15	窑底村	12	1	0.5	0.926902	3.25
37	A2-13	窑底村	10	1	0.5	0.94796795	3.2
38	A2-14	窑底村	10	1	0.5	0.89626056	3.1176472
39	A2-15	窑底村	10	1	0.5	0.8834936	3.2222223
40	A2-16	窑底村	10	1	0.5	0.8951019	3.2631578
41	A3-16	窑底村	12	1	0.5	0.86897057	3.4000001
42	A1-8	窑底村	8	1	0.5	0.95873064	3.347826
43	A3-17	窑底村	12	1	0.5	0.97970337	3.4000001
44	A1-10	北营村	8	1	0.5	0.90675193	3.3
45	A3-18	北营村	12	1	0.5	0.94796795	3.2
46	A2-17	北营村	10	1	0.5	0.86538464	3.4761906
47	A3-19	北营村	12	1	0.5	0.97681987	3.3043478
48	A3-20	北营村	12	1	0.5	0.96709108	3.2727273
49	A3-21	北营村	12	1	0.5	0.95744681	3.2380953
50	A3-22	北营村	12	1	0.5	0.94129914	3.3913043
51	A3-25	北营村	12	1	0.5	0.96709108	3.2727273
52	A2-30	北营村	10	1	0.5	0.88235295	3.4285715
53	A2-31	北营村	10	1	0.5	0.91836733	3.3333333
54	A3-26	北营村	12	1	0.5	0.97970337	3.4000001
55	A3-27	北营村	12	1	0.5	0.97970337	3.4000001
56	A2-18	北营村	10	1	0.5	0.87203729	3.1764705
57	A3-23	北营村	12	1	0.5	0.91836733	3.3333333
58	A3-24	北营村	12	1	0.5	0.97681987	3.3043478
59	A2-19	庙上村	10	1	0.5	0.90675193	3.3
60	A2-20	庙上村	10	1	0.5	0.8834936	3.2222223
61	A2-21	庙上村	10	1	0.5	0.89999998	3.3809524

续表

序号	建筑编号	村名	窑洞孔数	连接度	控制度	集合度	平均深度值
62	A2-22	庙上村	10	1	0.33333334	0.92999327	3.1111112
63	A2-23	庙上村	10	1	0.5	0.85030323	3.0666666
64	A2-24	庙上村	10	1	0.5	0.85030323	3.0666666
65	A2-25	庙上村	10	1	0.5	0.86089426	3.125
66	A2-26	庙上村	10	1	0.5	0.92989528	3.3636363
67	A2-27	庙上村	10	1	0.5	0.90675193	3.3
68	A3-28	官寨头村	12	1	0.5	0.95255387	3.4166667
69	A3-29	官寨头村	12	1	0.5	0.95512819	3.0555556
70	A3-30	官寨头村	12	1	0.5	0.97681987	3.3043478
71	A2-32	官寨头村	10	1	0.5	0.83333331	3.5714285
72	A2-28	官寨头村	10	1	0.5	0.8834936	3.2222223
73	B1	魏井村	3	1	0.2	0.84912294	2
74	C1	魏井村		1	0.33333334	0.56608194	2.5
75	B2	魏井村	4	1	0.16666667	0.98510355	2
76	B3	魏井村	3	1	0.33333334	0.5	1.6666666
77	B4	魏井村	3	1	0.2	0.84912294	2
78	B5	魏井村	5	1	0.25	0.72781962	2.1666667
79	B6	魏井村	3	1	0.25	0.76619166	2.2857144
80	B7	魏井村	3	1	0.16666667	0.98510355	2
81	B8	魏井村	2	1	0.33333334	0.5	1.6666666
82	B9	魏井村	3	1	0.2	0.84912294	2
83	B10	魏井村	3	1	0.2	0.84912294	2
84	B11	魏井村	3	1	0.2	0.84912294	2
85	B12	魏井村	3	1	0.33333334	0.5	1.6666666
86	B13	魏井村	3	1	0.16666667	0.98510355	2
87	B14	魏井村	3	1	0.2	0.84912294	2
88	B15	魏井村	3	1	0.2	0.84912294	2
89	B16	魏井村	3	1	0.33333334	0.5	1.6666666
90	B17	魏井村	3	1	0.14285715	1.1058542	2.2
91	B18	魏井村	3	1	0.33333334	0.5	1.6666666
92	B19	魏井村	3	1	0.33333334	0.52799052	2

续表

序号	建筑编号	村名	窑洞孔数	连接度	控制度	集合度	平均深度值
93	B20	魏井村	3	1	0.33333334	0.5	1.6666666
94	C2	神屋村		4	3.3333333	0.99097741	2.6153846
95	C3	神屋村		1	0.16666667	1.0189475	1.8333334
96	C4	神屋村		1	0.125	0.81163812	3.0714285
97	C5	神屋村		1	0.2	0.84912294	2
98	C6	神屋村		1	0.16666667	0.87048382	2.6363637
99	C7	神屋村		1	0.33333334	0.85030323	3.0666666
100	C8	神屋村		1	0.16666667	0.98558021	2.125
101	C9	神屋村		1	0.5	0.42456147	3
102	C10	神屋村		1	0.5	0.42239243	2.25
103	C11	神屋村		1	0.11111111	1.2989333	2.1666667
104	C12	神屋村		1	0.16666667	0.9216888	2.5454545
105	C13	神屋村		1	0.5	0.52380955	3.3333333
106	C14	神屋村		1	0.2	1.0405263	2.5384614
107	C15	神屋村		1	0.5	0.49255177	3
108	C16	神屋村		1	0.5	0.55438888	3
109	C17	神屋村		1	0.25	0.80638385	2.375
110	C18	神屋村		1	0.07692308	1.6812503	2
111	C19	神屋村		1	0.125	0.79109204	3.3125
112	C20	神屋村		1	0.2	0.74612898	2.909091
113	C21	神屋村		2	0.64285713	1.238816	2.3571429
114	B21	天硐村	5	1	0.16666667	0.74391621	3.9545455
115	B22	天硐村	1	1	0.125	1.2222222	2
116	B23	天硐村	3	1	0.25	0.69804502	2
117	B24	天硐村	3	1	0.2	0.87255627	1.8
118	B25	天硐村	3	1	0.33333334	0.5	1.6666666
119	B26	天硐村	3	1	0.14285715	1.1	2.1111112
120	B27	天硐村	4	1	0.14285715	1.0445806	2.3636363
121	B28	天硐村	3	1	0.33333334	0.5	1.6666666
122	B29	天硐村	1	1	0.25	0.70398736	1.75
123	B30	天硐村	3	1	0.25	0.72781962	2.1666667

续表

序号	建筑编号	村名	窑洞孔数	连接度	控制度	集合度	平均深度值
124	B31	天硐村	2	1	0.5	0.21089678	1.5
125	C22	天硐村		1	0.25	0.72781962	2.1666667
126	B32	天硐村	3	1	0.16666667	0.98558021	2.125
127	B33	天硐村	2	1	0.5	0.21089678	1.5
128	C23	天硐村		1	0.5	0.21089678	1.5
129	C24	天硐村		1	0.2	0.84912294	2
130	C25	天硐村		1	0.125	1.2222222	2
131	B34	天硐村	3	1	0.33333334	0.5	1.6666666
132	B35	天硐村	2	1	0.5	0.21089678	1.5
133	B36	天硐村	3	1	0.125	1.2123377	2.25
134	C26	天硐村		1	0.125	1.2123377	2.25
135	C27	浅井村		1	0.125	1.2123377	2.25
136	C28	浅井村		1	0.125	1.1768752	2.4285715
137	C29	浅井村		1	0.25	0.88468331	2.5
138	C30	浅井村		1	0.14285715	0.79065502	2.9166667
139	C31	浅井村		1	0.1	1.238816	2.3571429